中国高等教育学会工程教育专业委员会新工科"十四五"规划教材

——人工智能与大数据系列

Python
语言与应用
——互联网和社交网络分析

王文宇　尹川　杨洪波　◎主编

ZHEJIANG UNIVERSITY PRESS

浙江大学出版社

·杭州·

图书在版编目（CIP）数据

Python语言与应用：互联网和社交网络分析 / 王文
宇，尹川，杨洪波主编. -- 杭州：浙江大学出版社，
2025. 1. -- ISBN 978-7-308-25522-6

Ⅰ. TP311.561

中国国家版本馆CIP数据核字第2024P8J002号

Python语言与应用——互联网和社交网络分析

主　编　王文宇　尹　川　杨洪波

责任编辑	吴昌雷
责任校对	王　波
封面设计	北京春天
出版发行	浙江大学出版社
	（杭州市天目山路148号　邮政编码310007）
	（网址：http://www.zjupress.com）
排　　版	杭州晨特广告有限公司
印　　刷	杭州高腾印务有限公司
开　　本	787mm×1092mm　1/16
印　　张	18.25
字　　数	432千
版 印 次	2025年1月第1版　2025年1月第1次印刷
书　　号	ISBN 978-7-308-25522-6
定　　价	49.00元

前　言

Python是一种解释型语言,也是一门具备强大功能的高级计算机编程语言。Python语言的特点显著:(1)开源语言。使用者可以自由地阅读它的源代码,而且它有一个全球范围的社区,可以为Python语言爱好者提供帮助。(2)解释型语言。Python是一种代表简单主义思想的语言,语法简单易懂,可供编程零基础的人员入门编程。(3)胶水语言。具有丰富的第三方库,能够把各种模块很轻松地联结在一起,实现复杂的计算和分析功能。总之,Python语言凭借它的特点,在众多的编程语言中脱颖而出,成为一种热门的编程语言。

本教材主要介绍Python语言的编程基础知识,以及Python语言在互联网、知识图谱和社交网络分析方面的应用,适合于地理学、地图学、测绘学、城市规划等多个专业的学生。本教材既可以作为本科生"Python语言"课程的配套教材,也可以作为研究生"Python应用"课程的入门教材。本教材的特色主要体现在以下几个方面:

1. 新时代,计算机人才培养途径的新探索

党的二十大报告指出:新时代,我国发展面临新的战略机遇。在计算机人才培养上面临着两大方面的挑战:在理论方面,人工智能的实现须结合多学科的知识和理论,构成复杂的体系;在技术方面,人工智能算法复杂,编程难度高,要求强大的数学和编程能力。借助丰富的Python开源第三方库,可以应对算法的复杂性,降低学习难度,完成许多复杂的计算和分析功能。我们选择Python语言——"最适合人工智能的语言",在实践中摸索计算机人才培养的新方法。

2. 面向互联网和社交网络分析

随着互联网的发展,网络数据内容呈现爆炸式增长的态势。互联网内容的大规模、异质多元、组织结构松散的特点,给人们有效获取信息和知识提出了挑战。我们深入了解互联网技术,借助Python语言实现网络数据的获取(网络爬虫技术)和非结构化数据的存储技术(图数据库和地理知识图谱),提高学生的学习兴趣。此外,网络时代,社交网络已如火如荼地发展起来了。我们身边有很多类型的社交网络:名人社交网络、论文合作者网络、微博、微信。随着社交网络数据成为最成熟的大数据,对社交网络大数据背后的用户行为和社会现象的分析成为研究的热点。我们借助Python的第三方库,来学习人际关系网的建立方法,判读人际关系,在此基础之上,开展了社交关系网的分析,从而将

Python语言与社交网络研究热点结合起来。

3. "项目化"和"案例式"的学习方式

结合"新工科"对人才培养的需求,Python教学应当设计有别于传统课堂的教学,体现课程的研究性、科学性、实践性,是教学的首要问题。新形势下,教学必须加强实践事例研究与分析教学。本教材以案例学习为主,通过典型案例的设计和学习,让课堂教学能够适应时代发展变化的需求,介绍了Python在互联网和社交网络分析等计算机相关专业的应用和实践。采用案例式教学,培养学生独立分析问题和解决问题的能力、综合设计及创新能力,鼓励学生学以致用。总之,本教材将课堂教学和实践应用结合起来,采用"项目化"和"案例式"的学习方式,加强实践教学和创新学习。

本教材采用阶梯式编排,全书共16章,分为上篇、中篇和下篇:上篇是基础入门篇(第1~8章),主要介绍Python语言的基础语法;中篇是提高进阶篇(第9~12章),主要介绍Python的组织方法和使用;下篇是开发应用篇(第13~16章),主要介绍互联网时代,Python语言在知识图谱和社交网络分析方面的应用。

本教材由北京建筑大学的王文宇、尹川和中国科学院生态环境研究中心的杨洪波研究员主编。感谢戎太宗研究员在百忙之中对全书进行细致审稿。特别感谢北京建筑大学的赵江洪、罗娜娜和刘亚男老师,他们的支持和帮助使本书得以顺利完成。同时,感谢参与本书相关工作的研究生和本科生刘程辉、李润嘉、陈铭、刘可欣、张彬钰、巴图、严旭、王昊、孙梦怡、梁颢彬和赵靖涵。最后,由衷感激浙江大学出版社吴昌雷老师以及排版工作人员,他们辛勤的编辑和修订工作为本书的完成提供了重要支持。

由于编者水平有限,教材中难免有不足之处,敬请各位读者批评指正。

编　者

2024年1月

全书习题答案

目　录

第1章　Python语言入门 ·· 1

1.1 概述 ·· 1

    1.1.1 免费开源 ··· 1

    1.1.2 解释型编程语言 ··· 2

    1.1.3 胶水语言 ··· 3

1.2 Python解释器 ··· 3

    1.2.1 安装Python ·· 4

    1.2.2 配置环境 ··· 4

    1.2.3 安装第三方包(库) ·· 7

1.3 第一个Python程序 ·· 9

    1.3.1 交互式编程 ·· 9

    1.3.2 脚本式编程 ·· 10

    1.3.3 Python代码风格 ·· 11

    1.3.4 在错误中学习 ·· 13

1.4 总结 ··· 14

第2章　Python基本语法 ··· 15

2.1 变量与常量 ··· 15

    2.1.1 命名规则 ··· 16

    2.1.2 变量赋值 ··· 17

2.2 数据类型 ·· 18

    2.2.1 数字类型 ··· 19

    2.2.2 字符串型 ··· 19

    2.2.3 类型转换 ··· 20

2.3 运算符和字符串操作 ·· 22

    2.3.1 算术运算符 ·· 22

    2.3.2 赋值运算符 ·· 23

    2.3.3 字符串操作 ·· 24

2.4 屏幕输入和输出 ·· 27

    2.4.1 屏幕输入 ··· 27

2.4.2 屏幕输出 ……………………………………………………… 28

2.5 总结 ……………………………………………………………… 29

2.6 本章习题 ………………………………………………………… 30

第3章 列表和元组 ………………………………………………………… 31

3.1 列表 ……………………………………………………………… 31

3.1.1 创建 …………………………………………………………… 32

3.1.2 索引 …………………………………………………………… 32

3.1.3 切片 …………………………………………………………… 33

3.1.4 方法 …………………………………………………………… 34

3.2 列表的应用 ……………………………………………………… 34

3.2.1 容器选择 ……………………………………………………… 35

3.2.2 拓展知识 ……………………………………………………… 36

3.3 元组(不变列表) ………………………………………………… 37

3.3.1 创建 …………………………………………………………… 37

3.3.2 索引 …………………………………………………………… 39

3.3.3 切片 …………………………………………………………… 39

3.3.4 方法 …………………………………………………………… 40

3.4 元组的应用 ……………………………………………………… 41

3.5 总结 ……………………………………………………………… 42

3.6 本章习题 ………………………………………………………… 42

第4章 字典和集合 ………………………………………………………… 43

4.1 字典容器 ………………………………………………………… 43

4.1.1 创建字典 ……………………………………………………… 44

4.1.2 字典操作 ……………………………………………………… 44

4.1.3 常用方法 ……………………………………………………… 46

4.2 字典的应用 ……………………………………………………… 47

4.3 集合容器 ………………………………………………………… 49

4.3.1 创建集合 ……………………………………………………… 49

4.3.2 去重操作 ……………………………………………………… 50

4.3.3 集合操作 ……………………………………………………… 51

4.4 集合的应用 …………………………………………………… 53

4.5 总结 ……………………………………………………………… 54

4.6 本章习题 ………………………………………………………… 54

第5章　结构语句 ·· **56**

5.1 基础知识 ··· 56

5.1.1 布尔值 ··· 56

5.1.2 比较运算符 ····································· 57

5.1.3 逻辑运算符 ····································· 58

5.2 条件结构 ··· 58

5.2.1 单分支语句 ····································· 59

5.2.2 双分支语句 ····································· 60

5.2.3 多分支语句 ····································· 62

5.3 循环结构 ··· 64

5.3.1 for 循环 ·· 64

5.3.2 while 循环 ······································ 66

5.3.3 for 循环和 while 循环的区别 ··················· 68

5.4 跳转结构 ··· 68

5.4.1 break 语句 ······································ 69

5.4.2 continue 语句 ··································· 70

5.4.3 break 和 continue 的用法和区别 ··············· 71

5.5 总结 ··· 72

5.6 本章习题 ··· 72

第6章　函数体 ·· **73**

6.1 函数简介 ··· 73

6.1.1 函数的功能 ····································· 73

6.1.2 函数的特征 ····································· 74

6.2 函数的使用 ··· 74

6.2.1 定义函数 ······································· 74

6.2.2 调用函数 ······································· 76

6.3 函数的参数 ··· 77

6.3.1 实参和形参 ····································· 77

6.3.2 参数的使用 ····································· 78

6.4 变量作用域 ··· 81

6.4.1 作用域 ··· 82

6.4.2 全局变量 ······································· 82

6.4.3 局部变量 ······································· 83

6.5 函数的组织 ··· 84

6.5.1 主函数(入口函数) ······························ 84

6.5.2 模块调用（if __name__ == '__main__'） ·················85

6.6 总结 ··88

6.7 本章习题 ··88

第7章 类与对象 ··**89**

7.1 编程思想 ··89

7.2 类 ···90

　7.2.1 类的创建 ··90

　7.2.2 类的属性 ··92

　7.2.3 类的方法 ··95

　7.2.4 构造函数和析构函数 ·································98

7.3 对象 ···100

　7.3.1 创建对象 ···100

　7.3.2 访问对象 ···101

7.4 总结 ···102

第8章 编程方法 ··**103**

8.1 面向过程编程 ··103

8.2 面向对象编程 ··105

8.3 面向对象编程的特点 ······································108

　8.3.1 封装 ···109

　8.3.2 继承 ···113

　8.3.3 多态 ···116

8.4 总结 ···117

第9章 模块组织 ··**119**

9.1 代码粒度 ··119

9.2 模块的定义 ··119

　9.2.1 第三方模块 ·······································120

　9.2.2 自定义模块 ·······································120

9.3 模块的调用 ··121

　9.3.1 导入全部函数 ·····································121

　9.3.2 导入部分函数 ·····································122

9.4 包的组织和调用 ··123

　9.4.1 包的结构 ···123

　9.4.2 __init__.py ······································124

　9.4.3 包的调用 ···125

9.5　路径问题 ·· 126

9.6　总结 ··· 127

第 10 章　文件对象和异常处理 ···································· 128

10.1　打开和关闭文件 ··· 128

10.1.1　Open()函数 ··· 128

10.1.2　打开方式 ··· 129

10.1.3　文件名称 ··· 131

10.1.4　打开模式 ··· 133

10.1.5　编码方式 ··· 133

10.2　读和写操作 ·· 134

10.2.1　read()方法 ·· 135

10.2.2　write()方法 ··· 136

10.3　读写行操作 ·· 137

10.3.1　readline( ) ·· 137

10.3.2　readlines( ) ·· 139

10.3.3　writelines( ) ··· 139

10.4　文件内移动 ·· 140

10.5　异常处理 ··· 141

10.5.1　try/except ··· 141

10.5.2　try/finally ··· 142

10.5.3　raise ·· 145

10.6　总结 ··· 146

10.7　本章习题 ··· 146

第 11 章　框架开发 ··· 147

11.1　框架开发 ··· 147

11.1.1　框架搭建 ··· 147

11.1.2　常用框架 ··· 148

11.2　调包侠——Anaconda ·· 149

11.2.1　安装 Anaconda ··· 149

11.2.2　虚拟环境管理 ·· 150

11.2.3　图形用户界面 ·· 151

11.2.4　控制台命令方式 ··· 154

11.3　Pycharm 安装和使用 ··· 156

11.3.1　安装 Pycharm ·· 156

11.3.2　Pycharm 主界面 ··· 157

11.3.3 代码编写和调试 ·· 157

11.4 Pycharm 项目管理 ··· 162

　　11.4.1 项目管理 ·· 162

　　11.4.2 环境设置 ·· 163

11.5 总结 ·· 165

11.6 本章习题 ·· 165

第 12 章　Python 数据处理三剑客 ································ 166

12.1 Numpy ··· 166

　　12.1.1 数据结构 ·· 166

　　12.1.2 数据读取 ·· 169

12.2 Pandas ··· 171

　　12.2.1 数据结构 ·· 171

　　12.2.2 数据分析 ·· 174

12.3 Matplotlib ··· 175

　　12.3.1 画布设计 ·· 175

　　12.3.2 图形设置 ·· 179

　　12.3.3 图表类型 ·· 182

12.4 案例分析 ·· 185

12.5 总结 ·· 188

第 13 章　互联网和信息提取 ···································· 189

13.1 互联网和网页基础 ··· 189

　　13.1.1 HTML ··· 190

　　13.1.2 CSS ·· 190

　　13.1.3 JavaScript ··· 192

13.2 正则表达式 ·· 194

　　13.2.1 正则模式 ·· 194

　　13.2.2 正则法则 ·· 195

　　13.2.3 正则匹配 ·· 196

13.3 XPath 和 CSS 选择器 ·· 200

　　13.3.1 XML ··· 200

　　13.3.2 选择器 ·· 202

　　13.3.3 提取网页信息 ··· 203

13.4 总结 ·· 207

13.5 本章习题 ·· 207

第14章　网络爬虫实践 ···209

14.1　网络爬虫 ··209

14.2　Scrapy 爬虫框架 ···209

　　14.2.1　框架组成 ···210

　　14.2.2　虚拟环境 ···210

　　14.2.3　搭建框架 ···211

14.3　百度百科爬虫实战 ···213

　　14.3.1　解析网页 ···214

　　14.3.2　修改代码 ···214

　　14.3.3　运行爬虫 ···217

14.4　总结 ··218

第15章　数据库技术 ···219

15.1　数据库概述 ··219

　　15.1.1　关系模型 ···219

　　15.1.2　SQL 语言 ··221

　　15.1.3　图数据库 ···221

　　15.1.4　数据库接口 ··222

15.2　SQlite 数据库 ···223

　　15.2.1　创建数据库 ··224

　　15.2.2　创建多表 ···225

　　15.2.3　增加数据 ···225

　　15.2.4　查询数据 ···227

　　15.2.5　修改数据 ···229

　　15.2.6　删除数据 ···230

15.3　Neo4j 数据库 ···231

　　15.3.1　安装 Neo4j 数据库 ···231

　　15.3.2　创建图数据库 ···232

15.4　地理知识图谱构建和应用 ··234

　　15.4.1　地理实体数据准备 ··234

　　15.4.2　构建图数据库 ···236

　　15.4.3　查询和可视化 ···239

　　15.4.4　机器问答系统 ···240

15.5　总结 ··241

15.6　本章习题 ··242

第16章　社交网络分析 ·· **243**

16.1 社交网络 ··· 243

16.2 网络构建和可视化 ·· 244

16.2.1 创建网络 ·· 244

16.2.2 构建网络 ·· 245

16.2.3 图形可视化 ·· 252

16.3 社交网络分析 ·· 256

16.3.1 中心性分析 ·· 256

16.3.2 社区发现 ·· 263

16.4 应用案例:专家合著关系分析 ···································· 270

16.4.1 专家合著网络构建 ······································ 270

16.4.2 专家关系网社区发现 ···································· 272

16.4.3 专家合著网络空间可视化表达 ···························· 274

16.5 总结 ··· 280

第1章　Python语言入门

本章学习目标：

● 了解 Python 语言的特点

● 掌握 Python 解释器的安装方法

● 了解安装 Python 包的方法

● 掌握 Python 的编程特点

Python 是一门简洁而又功能强大的编程语言。该语言是由 Guido van Rossum（吉多·范·罗苏姆）于 1989 年底发明，并于 1991 年公开发行的。随着功能的不断增强，Python 语言已经从最初的自动化脚本编程工具，发展成如今独立的大型项目开发工具。作为一门新兴的计算机语言，Python 在开发语言中的地位日益提高，并在社会各领域中有着广泛的应用。尤其是随着大数据和人工智能技术的发展，Python 已经成为大数据分析和人工智能技术的首选语言，因此又被称为"人工智能语言"。

1.1　概述

人工智能时代，对于非计算机专业人员，在学习和科研工作中，普遍面临着人工智能算法复杂、编程入门难度高等挑战。为此，通过开设 Python 课程进行人工智能编程入门学习，用 Python 丰富开源库的封装性应对人工智能的复杂性，可以大幅降低学习难度。Python 语言具有以下几个显著的特点。

1.1.1　免费开源

Python 所有的内容都是免费开源的，它属于免费/开放源码软件（Free/Libre Open Source Software）之一。Python 使用者不仅可以免费使用和自由地发布这个软件的拷贝，还可以阅读、修改它的源代码。Python 有大量免费、开源程序资源，在科学计算应用领域被大量使用，从统计、排序到机器学习、人工智能等，几乎应有尽有。进入 Python 官网（图1.1），用户可免费下载最新的版本。

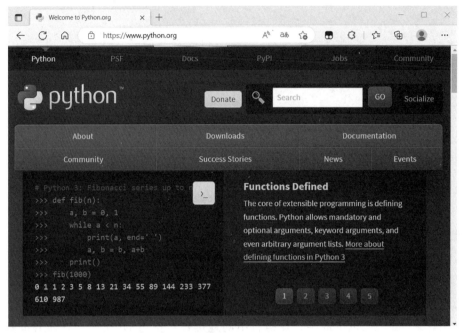

图 1.1 Python官网(https://www.python.org/)

得益于 Python 的开源性,Python 代码只需稍加改动便可以移植到不同平台。例如,你可以在 Windows、Linux 等计算机操作系统上进行 Python 的程序开发,也可以在手机 Android 嵌入式系统上进行。同样得益于 Python 的开源性,Python 开发者可以得到许多网络社区的技术支持。例如 Python 中文论坛(网址:https://www.pythontab.com/)是一个非常活跃的社区,为 Python 爱好者提供了一个学习和交流的平台。平台里面包含了各种各样的 Python 教学教程,从入门到高阶,也可以通过提问向业内精英与经验丰富的程序员求助。

1.1.2 解释型编程语言

众所周知,计算机运行时只能识别二进制机器语言,程序员不管使用任何一种语言编程最终都需要转换成二进制机器语言,但不同语言转换的时机有所不同,基于这一特点,编程语言可以划分为编译型语言和解释型语言两大类(表 1.1)。

表 1.1 编译型语言和解释型语言

类型	代表性语言	编译时间	运行速度	运行效率	储存方式	移植性	编译部件
编译型	C、Java	运行前	快	高	可执行文件	差	编译器
解释型	Python、Java Script	运行时	慢	低	代码	好	解释器

编译型语言在程序运行之前,会使用编译器一次性将所有代码编译成二进制机器语言的可执行文件(如 .exe 文件),例如 C、C++、Java 等。此后机器运行过程不需要重复编

译,直接使用编译后的结果即可,执行效率较高,而且其编译结果可以单独作为文件储存,也方便用户的二次调用。由于不同的操作系统对可执行文件的要求不同,使用特定编译器编译的可执行程序只能在对应的操作系统平台运行,造成了编译型语言跨设备、跨平台移植性较差的缺点。

解释型语言,也称为脚本语言,在程序运行之前不需要编译成二进制的可执行文件,而是由解释器来负责解释并直接运行使用,例如 Python、Java Script 等。由于解释型语言程序需要一边运行一边解释,效率会低于编译型语言程序。解释型语言程序只能以输入的高级语言形式储存,无法存为可单独运行的可执行文件,但优点是便于修改和调试,而编译型语言程序在代码修改后要对全体代码进行重新编译。解释型语言程序的运行虽然依赖解释器,但是能够实现“一次编写,到处运行”,解释过程不受限于操作系统类型,跨平台性明显优于编译型语言程序。

总之,解释型语言通常都具有简单、易学、易用的特性,目的是让编程更加简单。相比较其他诸多编程语言,Python 语言是更加接近人类语言的计算机语言。尽管其运行效率较低,但是随着计算机硬件性能的快速提升,大家更加关注程序员的工作效率及程序的跨平台性,同时随着解释器的不断优化,解释型语言程序的性能也不断提升。

1.1.3 胶水语言

Python 语言常被形象地称为“胶水语言”。和胶水一样,胶水语言可以将不同模块无缝连接起来运行。Python 具有丰富的第三方库,可提供数以万计的功能模块。这些库基于统一标准进行封装,需要时安装调用即可。Python 库之间广泛联系、逐层封装。基于通用数据接口,Python 可以像胶水一样十分容易地将不同的模块黏合在一起,实现复杂的计算和分析功能。这就减少了用户程序开发的时间和难度,从而使任务执行效率大幅提升。

Python 凭借其免费开源、用户友好和功能丰富的特性,在众多编程语言中脱颖而出。Python 的易学性降低了计算机编程的入门门槛,让人们能够将注意力集中在解决实际应用问题上,而不是花费时间去理解复杂和冗长的计算机语法。此外,Python 拥有广泛的应用扩展工具,可以用较少的时间和精力来完成许多复杂的任务。接下来,我们将学习 Python 的开发环境,安装 Python 解释器,编写并运行我们的第一个 Python 程序。

1.2　Python 解释器

使用 Python 语言进行程序开发,首先需要安装 Python 解释器。Python 解释器是负责解释并执行 Python 代码的工具。目前,Python 解释器有两个版本,一个是 2.x 版,一个是 3.

x版,这两个版本是不兼容的。由于3.x版越来越普及,本教材以Python 3.76版本为基础。

1.2.1 安装Python

首先从Python官方网站(https://www.python.org/)下载能够匹配用户操作系统和处理器版本的安装包。Python是跨平台的开发工具,可以在多个操作系统上进行编程,常用的操作系统有Windows、Linux、Mac OS,本教材以Windows 10操作系统为例介绍Python语言的编程和开发。根据处理器选择不同版本的安装包。我们这里选择Win 64位Python 3.7的版本,下载安装包进行安装。在环境设置界面,建议选择"Add to Path.",可以省去环境变量配置的环节。

安装完成后,测试一下是否安装成功:使用系统管理员身份打开命令行工具cmd,输入"Python"或者"Python -V"后敲回车,检查安装成功后,就可以开始编写Python程序(图1.2)。

```
C:\Windows\system32>python
Python 3.7.6 (default, Jan  8 2020, 20:23:39) [MSC v.1916 64 bit (AMD64)] :: Anaconda, Inc. on win32

Warning:
This Python interpreter is in a conda environment, but the environment has
not been activated.  Libraries may fail to load.  To activate this environment
please see https://conda.io/activation

Type "help", "copyright", "credits" or "license" for more information.
>>> print("hello world")
hello world
>>>
```

图1.2 测试安装和执行程序

1.2.2 配置环境

如果在下载安装Python过程中没有添加环境变量,需要我们安装后手动添加。此外,如果需要同时使用不同版本的Python解释器,例如Python 3和Python 2两种版本,也需要进行环境变量配置。

1.2.2.1 环境变量

环境变量是指在当前电脑操作系统中用来指定系统运行环境的一些参数,例如应用程序的路径位置。当操作系统运行一个应用程序时,如果我们没有提前告诉操作系统应用程序所在的完整路径,操作系统除了在当前目录下寻找外,还会到环境变量指定的路径下寻找。因此,在安装Python解释器时,如果忽略勾选环境变量,我们可以手动指定Python.exe、pip.exe等可执行程序所在位置,使得操作系统可以执行指定位置下的程序。路径位置的指定可以通过Path环境变量进行配置。

1.2.2.2 配置环境

环境变量的设置可以通过操作系统的控制面板里面的系统属性进行设置,点击系统属性选择最下方的环境变量(图1.3)。

图1.3　系统属性

通过编辑环境变量的窗口,将Python.exe和pip.exe所在位置分别添加进去。环境变量分为用户变量和系统变量,用户变量只有指定用户可以使用,而系统变量则是这个操作系统的所有用户都可以使用。变量创建者可以根据实际情况进行选择(图1.4)。

图1.4　设置Path环境变量

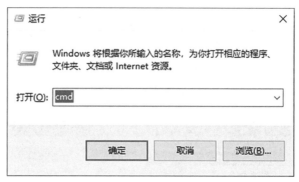

环境配置完成后,便可实现不同 Python 版本环境的切换:在 DOS 环境下,输入 Python2 即进入 Python2 环境;按"Ctrl+Z+回车键"即可退出环境(或者 exit());输入 Python3 进入 Python3 环境(图1.5)。

图 1.5 环境变量测试

1.2.2.3 DOS 环境

DOS(Disk Operating System,磁盘操作系统)环境就是命令行操作系统。不同于 Window 系统有着良好的图形操作界面,DOS 环境只支持命令操作。采用快捷键"Win+ R",启动运行窗口,在窗口中输入"cmd"即可打开命令行界面(图1.6)。

图 1.6 运行窗口

在 Windows 操作系统下,通过 DOS 命令可以直接查询一些计算机或者系统的信息。 DOS 常用的命令包括目录操作、磁盘操作和文件夹操作等命令(表1.2)。

表 1.2 DOS 常用的命令

功能	命令	示例
返回上一级	cd..	cd..
改变当前位置	cd directory	cd d:\data
直接跳到盘符的位置	cd /	cd /
清空屏幕	cls	cls
查看当前目录	dir	dir

续表

功能	命令	示例
新建文件夹(make directory)	md directory	d:\data> md a02
删除一个目录(remove directory)	rd directory	d:\data>rd a02

通过DOS命令,我们可以改变当前盘符的文件路径(图1.7)。DOS命令不区分大小写。需要注意的是在不同盘符之间进行操作要进行盘符切换。

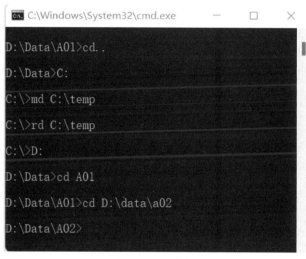

图1.7 DOS命令

1.2.3 安装第三方包(库)

安装并配置好Python的解释器之后,我们来简单了解一下第三方库通常采用的包(库)。Python开发者可以将重复使用的代码封装成为包(库),使用时导入这些包,就可以使用包里面的所有功能。可见,包可以用来辅助Python开发,降低编程的门槛。我们会在后面章节的学习中介绍封装技术、包的管理技术等。Python中的包有自带的(内置包),也有第三方提供的(第三方包)。我们在这里简单介绍一下第三方包的安装方法:在线安装和下载包安装。

1.2.3.1 在线安装

可以通过DOS命令进行在线安装。在线安装的优点在于操作步骤简便,输入相应命令就可以等待下载完成。例如在命令行界面窗口安装numpy包:

```
#安装numpy包
pip install numpy
```

有时受限于网络的传输速度,在线安装的下载速度慢。为了解决这个问题,可以采用在指定镜像网站(mirror sites)的镜像下载的方法,将国外网站上的数据"拷贝"到本地服务器。镜像下载的命令为:pip install + 库名 + -i + 镜像地址,以安装numpy包为例:

```
#安装numpy包
pip install numpy
#清华镜像源安装numpy包
pip install numpy -i https://pypi.tuna.tsinghua.edu.cn/simple/
#卸载numpy包
pip uninstall numpy
```

上面安装完第三方包后,我们在Python中需要调用这些包去编写代码,一般运用import语句调用第三方包。

```
#导入numpy包
import numpy
```

1.2.3.2 下载包安装

在线安装若出现安装失败的情况,可以尝试下载包安装。下载网址(图1.8):https://pypi.org/。

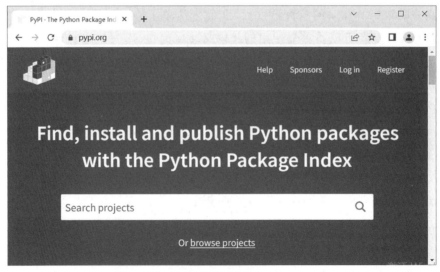

图1.8 第三方包下载网址(https://pypi.org/)

这里以 .whl 结尾的安装包为例,首先需要选择与操作系统及 Python 版本相匹配的 .whl 版本。选择第三方包时,需要根据自己的 Python 版本和操作系统处理器型号(32位或者64位)来选择不同的第三方包。下载完成后,找到对应的文件目录输入 cmd 打开 DOS 界面,在 DOS 界面输入"pip install whl+文件名"即可进行安装。

1.3 第一个 Python 程序

安装了 Python 解释器,我们就可以使用 Python 语言进行编程开发。Python 编程可以采用交互式和脚本式两种方式。

1.3.1 交互式编程

交互式编程在 Windows 的命令行界面中运行,输入一行代码,执行一行代码,多用于 Pyhton 代码的调试。交互式编程不需要创建脚本文件,而是通过 Python 解释器的交互模式来编写及执行代码。安装好 Python 后,有两种进入交互式编程的方法,分别为:命令窗口编程、交互式编程客户端。

1.3.1.1 命令窗口编程

进入 DOS 环境后,在命令界面内输入指令 Python,交互式编程启动页面首先会出现">>>"符号,该符号被称为"命令提示符(prompt)",表示此时 Python 正在等待用户输入代码。用户输入代码并点击 Enter 键,交互式编程系统就会运行该代码,就像是解释器在与用户进行交流沟通(图1.9)。

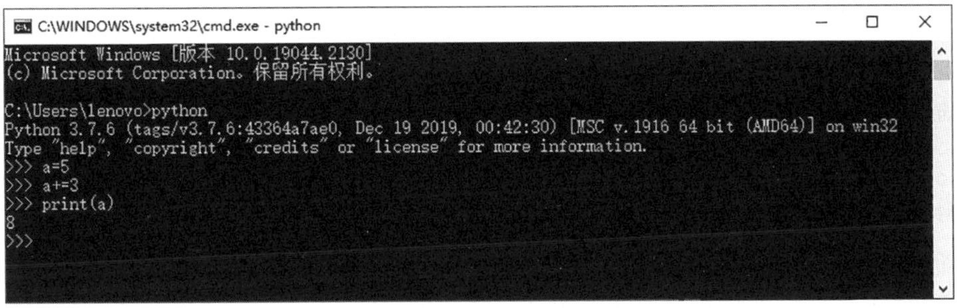

图1.9 交互式编程启动页面

1.3.1.2 交互式编程客户端

在安装 Python 时已经安装了交互式编程客户端 Python Shell,其窗口如图1.10所示。

图 1.10 Python Shell

在提示符>>>后依次输入图1.11所示代码并按 Enter 键查看运行效果。

图 1.11 查看运行效果

交互式输入一行代码,执行一行代码。该特点有助于及时发现代码中的错误,适合于Python代码的调试,同时及时地提供反馈,对初学者学习有很大帮助。

1.3.2 脚本式编程

脚本式编程直接运行 .py 文件,一次性执行 .py 文件内所有代码。相比较于交互式编程,使用脚本式编程更为普遍(图1.12)。

前面介绍了Python解释器的安装方法。一般情况下,电脑上安装了Python解释器,默认会安装一个集成开发环境(Integrated Development and Learning Environment, IDLE)。集成开发环境就是集成了开发者在开发过程中所需要的工具或功能,比如代码编写、调试、运行等功能。IDLE是开发Python程序的一个基本开发环境。我们可以利用IDLE创建并运行Python程序,但它有一些缺点,比如在代码自动补全方面只支持内置标准库;在界面上缺少一些基本的设

图 1.12 集成开发环境

计,如缺少行号,运行结果在另一个窗口。开发界面如图1.13,运行结果界面如图1.14。

```
# ****************************************************
# 计算BMI（用米表示身高，用千克表示体重）
# 按照BMI分级标准，将结果定性化
#
# ****************************************************
# 定义BMI函数
def BMI(weight,height):
    BMI_value = weight / (height * height)
    level = ['消瘦','正常','超重','肥胖']
    if BMI_value < 18.5 :
        BMI_level = level[0]
    elif BMI_value < 24.0 :
        BMI_level = level[1]
    elif BMI_value < 28.0 :
        BMI_level = level[2]
    else:
        BMI_level = level[3]
    return BMI_value,BMI_level
# ****************************************************
#
# 主函数
def main():
    weight = eval(input('请输入你的体重(单位:kg)：'))
    height = eval(input('请输入你的身高(单位:m)：'))
    result = BMI(weight, height)
    print('您的BMI值为：', round(result[0],1))
    print('您的体重状况为：',result[1])
# ****************************************************
#
# 模块调用
if __name__ == "__main__":
    main()
```

图1.13 开发界面

```
Python 3.7.6 (tags/v3.7.6:43364a7ae0, Dec 19 2019, 00:42:30) [MSC v.1916 64 bit
(AMD64)] on win32
Type "help", "copyright", "credits" or "license()" for more information.
>>>
===================== RESTART: D:\Data\A01\计算BMI.py =====================
===
请输入你的体重(单位:kg): 60
请输入你的身高(单位:m): 1.8
您的BMI值为: 18.5
您的体重状况为: 正常
>>>
```

图1.14 运行结果

1.3.3 Python代码风格

作为一种新兴的计算机程序设计语言,Python语言功能强大,同时也借鉴了脚本语言和解释语言的易用性。Python语言风格显著。我们通过下面的一个实例(图1.15)来了解Python语言的简约性、规范性和逻辑性。

图1.15 代码风格

1.3.3.1 简约性

Python语言的简约性源于其极简主义(simple is the best)的设计理念。Python的语句末尾不需要加分号表示语句结束,直接换行即可。此外,Python是一门动态语言(一种在运行期间才去确定数据类型的语言)。确定一个变量的类型是在第一次给它赋值的时候,而不需要数据类型声明。而大多数静态类型语言,例如Java和C语言,在使用前就要声明数据类型。Python语言的简洁性既保持了代码可读性,又减少了代码的编写量,可提高编程效率。

1.3.3.2 规范性

作为计算机语言,Python语言同样具有规范性。例如,Python严格地区分大小写,不管是变量、函数,还是类,都要区分大小写。如果不小心混淆了变量名,程序会报错,因此,我们在平时的学习或者实际工作中应当注意区分大小写,养成良好的编码习惯。再例如,Python采用代码缩进和冒号来区分代码块之间的层次,这一点和其他编程语言有所区别(Java、C语言习惯采用大括号"{}"分隔代码块)。Python对缩进的要求严格,同一代码块中的语句包含的缩进空格数量应当相同。在Python中,缩进的空格数目是可以自己决定的,一般情况下,我们缩进4个空格。用户实际输入中,可用快捷键Tab键代替四个空格,以避免空格数量错误影响程序的运行。

1.3.3.3 逻辑性

如同在阅读时做笔记一样,为了便于别人看懂代码,在编程时我们会加注记。Python 通过注释符号"#"添加注释,注释可以单独写成一行,也可以写在表达式行末。多行注释还可以使用连续单引号(''')或连续双引号(""")进行。执行代码时,Python 会将注释的部分当成纯文本,并跳过这些纯文本。此外,在写文章时,我们会分段落,使得文章的结构更加清晰明了。同理,在编程时,我们可以在函数之间或类的方法之间用空行分隔,表示一段新的代码的开始。与代码缩进不同,空行并不是 Python 语法的一部分,书写时不插入空行,Python 解释器运行也不会出错。但空行是程序代码的一部分,可以分隔两段不同功能或含义的代码,便于代码的维护或重构。

1.3.4 在错误中学习

学习计算机编程,只要编写代码就可能有错误,哪怕只是写几句简单的代码,或只是实现一个很简单的功能。当 Python 检测到错误,会给出一些错误的提示,并终止程序运行,也就是我们通常所说的 BUG。如何正确地应对错误是学习编程过程中重要的一课。接下来,我们熟悉一下两种常见的错误类型:语法错误和逻辑错误。

1.3.4.1 语法错误

任何计算机语言都要求遵循一定的语法规则,Python 语言也不例外。如果不遵守 Python 的语法规则,那么代码就无法通过 Python 解释器的语法检测,Python 解释器就会报错。

```
print("Hello  World)
a = 1
if  a<2
print("变量 a 的值为"+str(a))
```

以上代码存在多种语法错误:第 1 句中,在字符串收尾处忘记加引号,导致 "SyntaxError: EOL while scanning string literal"的错误;第 3 句中,结构语句后面需要添加":",否则会导致"SyntaxError: invalid syntax"的错误;第 4 句中缩进只是空格,然而仅仅是多一个空格或少一个空格都会导致"IndentationError: unindent does not match any outer indentation level"的错误。

1.3.4.2 逻辑错误

即便 Python 程序的语法是正确的,在运行它的时候,也有可能发生错误,我们称为异常。当发生异常时,如果没有对其进行处理,就会弹出错误信息,然后终止程序。错误信息包括名称、原因和错误代码的行号。例如：

```
a = 1 / 0
7 + c*3
1+'1'
file =open("/myfile")
```

以上代码存在多种逻辑错误：第 1 句中，把 0 作为除数，会触发"ZeroDivisionError"的异常；第 2 句中，访问一个未赋值的变量，会触发"NameError"的异常；第 3 句中，将数值类型和字符类型的变量进行计算，会触发"TypeError"的异常；第 4 句中，打开了一个不存在的文件，会触发"FileNotFoundError"的异常。

错误是伴随程序的，在编写 Python 脚本的过程中，随时都可能出现错误。在错误中学习编程，是提高编程能力的一种很好的实践。

1.4 总结

人工智能时代，非计算机专业人员在学习和科研中，普遍面临着人工智能算法复杂、编程难度高、要求强大的数学和编程能力等挑战。通过 Python 课程，借助 Python 语言的简洁性及其丰富的开源库来学习编程和了解人工智能领域，是很好的选择。在本章中，我们安装了 Python 解释器，熟悉了几种常见的 Python 编程环境，了解了 Python 编程的特点。计算机编程不是一蹴而就的工作，需要日积月累，在错误中学习，在失败中领悟。

第2章 Python基本语法

本章学习目标：

- 了解变量和常量的概念
- 熟悉Python的标识符
- 掌握Python基本数据类型
- 掌握Python的运算符
- 掌握Python的屏幕输入和输出功能

Python是一种计算机语言，既然是一种语言，就有它的语法规则，就像我们写文章时，每一个句子需要按照正确的语法去写，编写Python程序也需要遵循一定的语法规则。Python代码一旦出现语法错误，将直接导致程序不能运行，因此，Python语言的学习一定要严格遵守其语法规则。本章将介绍Python的基本语法，包括Python的变量与常量、基本数据类型、运算符和屏幕的输入和输出。通过学习，我们将了解Python的基本语句，开始简单的Python代码编写。

2.1 变量与常量

编写程序经常需要对一些数据（例如，数字或文字）进行操作和分析，有些数据的值会发生变化，例如温度、湿度、身高、年龄等，我们不希望每次都去手动输入它的值，可以通过命名变量和给变量赋值的方法来存储可能会变化的值。变量是计算机内存中的一块区域，变量可以存储规定范围内的值，而且值可以改变。基于变量的数据类型，解释器会分配指定内存，并决定什么数据可以被存储在内存中。

```
height = 152
temperature = 16.5
```

变量包括变量名和变量值。等号"="是用来给变量赋值的，等号左边是一个变量名，右边是存储在变量中的值。每个在内存中创建的变量都包括变量的标识、名称、数据等信息。

还有一些数据在编程过程中是不能随意改变的，比如圆周率和自然常数，十分冗长，这个时候我们就可以将其定义为常量。

```
PI = 3.14159265
E = 2.7182818
```

本质上,常量也属于变量,也可以进行修改,只是我们人为规定其不能改变。Python中没有常量的关键字,我们习惯上使用大写字母组合的变量名来表示常量,提示不要对其进行二次赋值。

2.1.1 命名规则

接下来,我们介绍变量的命名规则和变量赋值。Python的语法首先体现在命名的规则上面。变量的命名规范:

(1)只能包含字母、数字和下划线;

(2)只能以字母或下划线开头,不能以数字开头;

(3)不能包含空格,但能使用下划线来分隔其中的值;

(4)不能将Python关键字和函数名作为变量名。

此外,变量的命名建议尽量简短又具有描述性,否则不容易理解;慎用小写字母l和大写字母O,它们可能被错看成数字1和0。

其实,在Python程序中自定义的类名、函数名、变量等符号和名称,统称为标识符。标识符的命名规则都是一样的。

关键字(保留字)不能用来命名,关键字就是一些在Python中带有一定功能的英文词,可以使用Python标准库里面的keyword模块查看当前Python版本的所有关键字(例2-1)。关键字是已经被Python语言自己使用的,不允许开发者定义和关键字相同名称的标识符。

例2-1

```
import keyword
print(keyword.kwlist)
```

结果如下:

```
['False', 'None', 'True', 'and', 'as', 'assert', 'async', 'await', 'break', 'class',
'continue', 'def', 'del', 'elif', 'else', 'except', 'finally', 'for', 'from', 'global', 'if', 'import',
'in', 'is', 'lambda', 'nonlocal', 'not', 'or', 'pass', 'raise', 'return', 'try', 'while', 'with', 'yield']
```

2.1.2 变量赋值

变量赋值是变量的声明和定义的过程。每个变量在使用前都必须赋值,变量赋值以后该变量才会被创建。Python中的变量赋值不需要类型声明,通过赋值运算符"="将变量名和变量值相连接。

2.1.2.1 单个变量赋值
单个变量赋值很常见,例如:

```
name = "张三"
gender = "男"
age = 18
bmi_value = 19.5
姓名 = "张三"
```

其中,赋值运算符"="左右可留空格以更适于阅读。

☞**小提示**:Python3.x的默认编码方式是 UTF-8,很少出现字符编码的各种问题,因此可以用中文作为变量名;Python2.x版本经常会遇到字符编码的各种问题,因此不建议使用中文作为变量名。

2.1.2.2 多个变量赋值
Python允许同时为多个变量赋值,也可以为多个对象指定多个变量,例如:

```
a = b = c = 1
```

三个变量(a,b,c)被分配到相同的内存空间上。

```
a, b, c = 1, 2, "three"
```

两个整型对象1和2分别分配给变量a和b,字符串对象"three"分配给变量c。

Python中一次新的赋值,将创建一个新的变量。同一变量可以反复赋值,而且可以是不同类型的变量。即使变量的名称相同,变量的标识(id)并不同(例2-2)。

例2-2

```
a = 100
print(id(a))      # id()方法可以获得变量指向的地址
a = "Python"
print(id(a))
```

结果如下：

```
113811696
113812464
```

例2-2中，一开始变量a指向了113811696这个地址，这个地址存放了100这个数字，当变量发生改变时，即该变量的指向改变了，指向地址113812464，该地址存放有"Python"这个字符串。需要指出的是，输出的地址是随机的。为什么Python的变量可以为任意数据类型呢？因为Python的变量只是对内存里的数据进行引用，这两个变量都是解释器事先在内存开辟好的，这也是Python语言被称为动态语言的原因。

2.2 数据类型

数据类型就是存储在变量中的信息的类型，即变量值的类型。Python3中共有六个标准的数据类型。

（1）Numbers（数字类型：整型、浮点型、布尔型、复数型）；

（2）String（字符串型）；

（3）List（列表）；

（4）Tuple（元组）；

（5）Dictionary（字典）；

（6）Set（集合）。

在Python中，数据类型根据其结构的复杂程度可以分为基本数据类型和组合数据类型（也称为数据容器）。

（1）基本数据类型：数字类型和字符串型；

（2）组合数据类型：List（列表）、Tuple（元组）、Dictionaries（字典）和Sets（集合）。

接下来，介绍一下基础数据类型，组合数据类型将在后面章节介绍。

2.2.1 数字类型

常见的数字类型有整型、浮点型、布尔型。整型的取值为整数(无大小限制),有正有负,如100、–100等;浮点型的取值为小数,如0.01、–0.01等,如果是非常大或者非常小的浮点数,就需要使用科学记数法表示,用e代替10;布尔型有True和False两种值,分别表示"真"和"假",在进行数学运算过程中,True表示为1,False表示为0,例如:

```
a = 100
b = 0.01
c = True
d = 1.2e-2
```

2.2.2 字符串型

字符串型也是Python中常用的数据类型。字符串类型就是文字类型,可以是中文字符、英文字母、数字、特殊符号(空格、标点符号)等。Python可以使用引号(')、双引号(")、三引号('''或""")来表示字符串(例2–3)。需要注意的是,引号的开始与结束必须是相同类型的。

例 2–3

```
str1 = 'Python is cool! '
str2 = "Python is cool! "
str3 = """Python is cool! """
print(len(str1),len(str2),len(str3))
print(str1[0])        #输出第一个字符 'P'
print(str1[0:7])      #输出第1个到第6个字符'Python'
```

结果如下:

```
15,15,15
P
Python
```

字符串的长度可以通过len()函数来获得。字符串的长度通常是指字符串中包含字符的数目,不包括引用字符串的引号长度。字符串在存储上类似字符数组,所以它每一位的单个元素都是可以提取的。字符串可以使用[]索引操作符进行索引,[:]来实现切片。

2.2.3 类型转换

不同数据类型之间进行运算是会出错的,所以我们需要把数据类型转换为指定的数据类型。Python数据类型转换可以分为两种:隐式类型转换和显式类型转换(又称为强制类型转换)。隐式类型转换是当两个不同类型的数据进行运算时,结果会向更高精度进行转换并计算,如int类型变量和float类型变量相加,结果会自动转换为float类型(例2-4)。

例2-4

```
#隐式类型转换
a = 40
b = 106.53
c = a+b
print(type(a), type(b), type(c))


#显式类型转换
a = float(40)
b = int(106.53)
print(type(a), type(b))
```

结果如下:

```
<Class 'int'>, <Class 'float'>, <Class 'float'>
 <Class 'float'>, <Class 'int'>,
```

显式类型转换(又称为强制类型转换):用户将对象的数据类型转换为所需的数据类型。函数int()、float()、str()和bool()分别用于将变量转换成整型、浮点型、字符串和布尔型变量。大部分Python的基本数据类型都可以直接转换为字符串型(例2-5):

例2-5

```
a = 40
b = 106.53
c = "longitude"
print(str(a),str(b),str(c))
```

结果如下：

```
40  106.53  longitude
```

当字符串转换为数字型时，内容须为数字，否则无法转换为数字型（例2-6）。

例2-6

```
a = "longitude"
b = int(a)
```

结果如下：

```
ValueError: invalid literal for int() with base 10: 'longitude'
```

在进行类型转换时，变量本身类型不发生变化，只是将转换后的值和类型赋给新的变量，若想更改变量本身的类型，可对变量重新赋值（例2-7）。

例2-7

```
a = 106.53
print(int(a))
print(type(a))
```

结果如下：

```
106
<class 'float'>
```

2.3 运算符和字符串操作

在数学里,加减乘除等符号是运算符号,在 Python 中,我们需要对变量进行一些类似加减乘除的操作时也需要相应的运算符。Python 中的运算符包括算术运算符、赋值运算符、比较运算符、逻辑运算符等,本章介绍算术运算符和赋值运算符,其他运算符将在后面的章节结合章节内容进行介绍。

2.3.1 算术运算符

算术运算符是运算符的一种,也称为数学运算符,是完成基本的算术运算使用的符号,用来处理四则运算。Python 中常用的算术运算符见表2.1。

表2.1 算术运算符

算术运算符	含义
+	加
-	减
*	乘
/	除
%	取余
//	取整
abs(x)	取绝对值
x**y 或 pow(x,y)	x 的 y 次幂(两种写法)

利用 Python 提供的算术运算符数,可以进行各种数学计算。在地理信息科学中,球面坐标系统常常采用经纬度表示空间坐标的位置。经纬度有两种常见的表示方式:度/分/秒和十进制度。可以通过设计程序实现这两种格式的相互转换问题($1°=60'=3600''$)(例2-8)。

例2-8

```
degree = 20
minute = 30
second = 40
du = degree+minute/60+second/60/60    #度=度+分/60+秒/60/60
print("度:",du)
```

结果如下:

度:20.511111111111113

值得注意的是,部分运算符不仅可以对数字变量进行运算操作,还可以对字符串进行一些操作(例2-9)。字符串也可以通过运算操作符+连接运算*重复运算。

例2-9

```
a = "你"
b = "好"
print(c+d)    #字符串做加法
print('-' * 60)   #字符串做乘法
```

结果如下:

你好

2.3.2 赋值运算符

在前面变量的学习中我们知道了"="是赋值的意思,那么赋值运算符其实就是将算术运算符与"="相结合,更像是算术运算符的另一种书写格式,符号的含义都是一样的(例2-10)。设有变量a、b、c,算术运算符和赋值运算符的格式对比如下(表2.2):

表2.2 算术运算符和赋值运算符的格式对比

赋值运算符	含 义	算术运算符实例	赋值运算符实例
+=	加法	c = c + a	c += a
-=	减法	c = c - a	c -= a
*=	乘法	c = c * a	c *= a
/=	除法	c = c / a	c /= a
//=	取整除	c = c // a	c //= a
%=	取模	c = c % a	c %= a
**=	幂	c = c ** a	c **= a

例 2-10

```
degree = 20
minute = 30
minute /= 60        #除法赋值运算
degree += minute    #加法赋值运算
print("分换算为度:",minute)
print("度:",degree)
```

结果如下:

```
分换算为度:0.5
度:20.5
```

2.3.3 字符串操作

在实际编写过程中,根据需求,我们通常会需要对字符串进行一些操作,这些操作被称为字符串的方法,字符串的方法非常多,下面将介绍一些常用的方法。

2.3.3.1 字符串分割

split方法是按照提供的分割符来将字符串分割成列表,如果不提供分割符,则按照空格来分割字符串(例2-11)。

例 2-11

```
a = "Xiaoming is a good boy"
b = a.split()
print (b)
```

结果如下:

```
['Xiaoming', 'is', 'a', 'good', 'boy']
```

2.3.3.2 字符串连接

join方法和split方法互为逆方法,它是用指定的字符来连接序列(列表或元组)中的元素,若未指定字符则直接连接所有元素(例2-12)。

例2-12

```
strList = ['Python','is','cool','!']
strTuple = ('Python','is','useful','!')
result1 = " ".join(strList)
result2 = "".join(strTuple)
result3 = result1.join(strTuple)
print(result1)
print(result2)
print(result3)
```

结果如下:

```
Python is cool !
Pythonisuseful!
PythonPython is cool !isPython is cool !usefulPython is cool !!
```

2.3.3.3 大小写转换

这个方法可以做到我们平时见到的一些"不区分大小写"的效果,比如录入信息时不强制规定大小写,不统一进行转换,则会出现有些信息查询不到的情况。lower()方法是将字符串转换为小写字母,并返回转换后的字符串(例2-13)。

例2-13

```
product="China"
product= product.lower()
print("瓷器的英文是:"+product)
```

结果如下:

```
瓷器的英文是:china
```

upper()方法是将字符串中字母由小写变为大写,并返回转换后的字符串(例2-14)。

这里再介绍两个有用的函数：capitalize()函数可以实现将字符串中的第一个单词首字母转为大写其余小写；title()函数可以实现将字符串中每个单词的首字母转为大写。

例2-14

```
name = "tina"
name = name.upper()
print(name)
```

结果如下：

```
TINA
```

2.3.3.4 删除空格

因为在录入信息时，除了大小写会比较混乱外，还可能出现在开头结尾误打空格的情况，如果不删除这些空格，在后续查找信息时可能会造成困扰。strip方法是用来去除字符串两侧的空格并返回处理后的字符串的(例2-15)。

例2-15

```
name = "    Tina    "
name_strip = name.strip()
print(name_strip)
```

结果如下：

```
Tina
```

上面例子借助strip方法将Tina的名字前后的空格全部删除。在编程中，如果出现空格，是很难看出来区别的，使用strip方法将字符串开头和结尾的空格自动去除。

2.3.3.5 替换操作

replace方法的语法是str.replace(old, new[, max])，它是用来匹配指定字符并进行替换的。其中前面"old"参数是需要匹配的字符，"new"参数是用来替换"old"参数的字符，[,max]的意思是替换不超过多少次，可以不设置此参数，默认为全部替换(例2-16)。

例 2-16

```
test = " Python is cool and Python is useful! "
result1 = test.replace("Python","C++")
result2 = test.replace("Python","C#",1)
print(result1)
print(result2)
```

结果如下：

```
C++ is cool and C++ is useful!
C# is cool and Python is useful!
```

2.4 屏幕输入和输出

程序员编写程序的过程中,有时需要一定的输入信息和输出信息。我们借助计算机的输入设备(通常就指键盘),获得数据供程序运算和处理,让计算机按照程序给出的指令进行输出。例如,我们想通过成绩管理系统查询成绩,我们需要输入一些基本信息,让计算机替我们完成信息的检索任务,并将结果通过屏幕输出的方式告知我们。可见,屏幕输入和输出在编程中起到了计算机与人的互交作用。Python程序中的键盘输入和屏幕输出都是通过调用输入/输出函数实现的,接下来我们学习常用的输入函数 input()和输出函数 print()。

2.4.1 屏幕输入

Python 提供了 input()内置函数来实现屏幕输入。input输入在 Python 中可以接收用户输入的数据,代码程序运行到该处时会有一个挂起等待的操作,等到有数据输入后按下回车才会继续执行,例如：

```
name = input()
```

input()括号内若没有参数,则接受用户所输入的数据。input()括号内若有字符串提示词,则输出提示词,并接受用户所输入的数据。例如：

```
name = input('请输入你的姓名:')
pwd = input("Please enter your password:")
```

2.4.2 屏幕输出

Python提供了print() 内置函数来进行屏幕输出。例如:

```
#度分秒转经纬度
x=int(input('请输入度:'))
y=int(input('请输入分:'))
z=int(input('请输入秒:'))
print(x+(y+z/60)/60)
```

input函数可以接受多种数据类型的输入,也可以接收一个Python表达式作为输入,并将运算结果以字符串形式返回。用int()函数将字符串转换为整型类型。

2.4.2.1 输出多个变量

在Python中,print输出可以实现多个变量的输出,只需要在多个变量名称之间加上逗号进行分隔即可(例2-17):

例2-17

```
degree = 20
minute = 30
second = 50
print(degree,minute,second)
```

结果如下:

```
20 30 50
```

2.4.2.2 格式化输出

在Python中,通过使用占位符来实现格式化输出。常见的占位符有:%s(字符串占位符)、%d(整数占位符)和%f(浮点数占位符)。占位符的作用是替后面的变量占一个位置,下面的例子就用到了字符串占位符、整数占位符和浮点数占位符(例2-18)。

例2-18

```
a = float(input('请输入地理坐标:'))
d = int(a)
m = int((a - d) * 60)
s = ((a-d)*60-int((a-d)*60))*60


# %s会用str()方法转将各种数据类型转换为字符型。
print('%s'%('经纬度转度分秒'))


# %f浮点数占位符默认需要保留小数点后面六位数,也可以自定义。
print('转换前:%.4f'% (a))


# %d整数占位符可以用来表达浮点数,但只取其整数部分。
print('转换后:%d°%d'%d"'%(d,m,s))
```

结果如下:

```
请输入地理坐标:116.542
经纬度转度分秒
转换前:116.542000
转换后:116°32′31″
```

2.5 总结

语句是编程中的基本构成单元,只有把基本语句学好,才能在此基础上,学习后面的语句块和封装结构。在这一章,我们一起学习了Python的变量与常量、基本数据类型、运算符和屏幕的输入和输出。通过学习,我们掌握了Python的基本语句,了解了简单的人机交互的方法(屏幕输入和屏幕输出),并通过程序编写实现了一些简单功能。

2.6 本章习题

题 2.1

请用 Python 代码编写一段程序,实现语文、数学及英语三科成绩的屏幕输入,计算三科的平均成绩,并实现平均分的屏幕输出功能。

题 2.2

编写一个程序来计算一个人的身体质量指数(BMI):首先读取用户的身高和体重,然后计算 BMI,最后显示计算结果。如果用米表示身高(height),用千克表示体重(weight),那么体重指数的计算方法如下:

$$BMI = \frac{weight}{height*height}$$

第3章　列表和元组

本章学习目标:

● 了解 Python 数据容器的作用

● 掌握列表和元组容器的创建、索引、切片等方法

● 熟悉列表和元组容器的应用

　　数据容器,顾名思义就是存放数据的容器。它的含义十分类似数学中的集合和元素的关系,即容器作为一个集合,内部可以包含或者储存许多其他的特定数据,这些数据会按照一定规则储存在容器中。Python 容器是一种数据结构。Python 语言里,将数字型数据和字符串数据存放到这些容器中,可以极大节省硬件资源,提高代码效率。例如,我们现在有 1000 条未排序的个人工资数据,需要对其进行排序并取前 3 个数据(图 3-1)。

C 语言算法	Python 算法
步骤 1:For 循环读取数据到数组	步骤 1.For 循环取读取数据到列表 Num
步骤 2:冒泡法对数据重新排序	步骤 2.Num.sort()
步骤 3:For 循环取前 3 个数据	步骤 3.Num1=Num(0:3)

图 3.1 两种算法比较

　　C 语言算法包含两个循环,并且冒泡法对数据排序的代码是超过 10 行的。而 Python 算法只包含一个循环,而且数据排序只有一行代码。对比发现,明显 Python 的代码要更为简洁。它之所以这么简洁,就是因为选择了正确的数据容器。这一章节,我们将学习两种 Python 数据容器:列表、元组。

3.1 列　表

　　列表(List)是最常用的数据容器,用于存放有序数据,可以看成一维"数组"。

　　列表的特点如下:

　　(1)可以用 list()函数或者方括号[]创建,元素之间用逗号分隔。

　　(2)列表的元素不需要具有相同的类型。

　　(3)使用索引来访问元素。

　　(4)可切片。

3.1.1 创建

列表可以用list()函数或者方括号[]创建,元素之间用逗号","分隔(例3-1)。

例3-1

```
#用 list( )函数建立
list1=list(('北京','天津','上海','重庆','南京','西安'))
#用[]建立
list2=['北京','天津','上海','重庆','南京','西安']
print(list1)
print(list2)
```

结果如下:

```
['北京', '天津', '上海','重庆','南京','西安']
['北京', '天津', '上海','重庆','南京','西安']
```

采用两种创建的格式,将城市的名称放入一个列表中。作为 Python 的复杂数据类型,列表是可以改变内部数据的数据类型,因此,列表可包含不同数据类型(例3-2)。

例3-2

```
list3=list((1,'北京',2,'天津',3,'上海'))
print(list3)
```

结果如下:

```
[1, '北京', 2, '天津', 3, '上海']
```

3.1.2 索引

访问元素或修改元素,只须指出元素的位置(索引)就可以(例3-3)。索引从0开始。

例3-3

```
list2=['天津','北京', '上海', '重庆']
print(list2[0],list2[1],list2[2])
print(list2[-1])
list2[1]='上海'
list2[2]='南京'
list2[3]='西安'
print(list2)
```

结果如下：

```
天津 北京 上海
重庆
['天津', '上海', '南京', '西安']
```

列表最后一个元素的访问,还可以使用索引[-1]实现。

3.1.3 切片

列表中的元素可以单独提取,也可以切片(截取)。切片格式为list[START:STOP:STEP],START代表起始下标(包括起始元素),STOP代表停止下标(不包括停止元素),是一个左闭右开的区间[ ),STEP代表步长和方向,大于0时代表从左往右切,小于0时代表从右往左切(例3-4)。

例3-4

```
list2=['北京','天津','上海','重庆','南京','西安']
print(list2[1:4])
print(list2[1:4:2])
print(list2[4:1:-2])
```

结果如下：

```
['天津', '上海', '重庆']
```

['天津', '重庆']
['南京', '上海']

3.1.4 方法

我们可以对列表中的元素进行一些操作,这些操作被称为方法。例如有3个列表,分别为list1,list2,list3(例3-5),接下来我们使用列表常用方法(表3.1)对其进行操作。

例 3-5

list1=["天津","北京","北京","上海","上海","上海"]
list2=["南京","西安"]
list3=[1,3,5,7,3,4,9]

表 3.1 列表方法及解释

方法	解释	示例
list.append()	追加元素	list1.append("重庆")
list.count(x)	计算列表中 x 出现的次数	list1.count("上海")
list.extend(L)	向列表中追加另一个列表 L	list1.extend(list2)
list.index(x)	获得元素 x 在列表中的位置	list1.index("天津")

list.insert()	向列表中插入元素
	(通过下标删除)
		#在 list1 下标为 4 的位置插入新的元素
		list1.insert(4,"京津冀")

list.pop()	删除列表中的元素
	(通过下标删除)
		#删除 list1 中下标为 2 的元素
		list1.pop(2)

list.remove()	删除列表中的元素(直接删除)	list1.remove("天津")
list.reverse()	将列表中元素的顺序颠倒	list1.reverse()
list.sort()	将列表中元素排序 (默认升序排列 reverse=False)	list3.sort()　#升序排列 list3.sort(reverse=True) #降序排列

3.2 列表的应用

在实际应用中,我们经常需要对数据进行规范化处理。例如,表3.2为收集到的相关学生的信息:学号、姓名、籍贯和性别。可以看到表格中性别字段里面大小写字母不统一,性别的字段需要进行大写转小写处理。

表3.2 学生信息数据

学号	姓名	籍贯	性别
2021001	石叶彤	河南	Female
2021002	吕尔丝	山东	male
2021003	袁杨梅	四川	female
2021004	贺笑萍	云南	male
2021005	熊湛静	四川	Female
2021006	段绮彤	河南	female
2021007	赵雅韶	河南	female
2021008	曹思雁	四川	female
2021009	曾熙柔	湖北	female
2021010	任尹夏	江西	Male

3.2.1 容器选择

如何能够根据实际的需求选择合适的数据容器是数据操作的难点。列表是最常用的一个容器,我们可以将需要处理的数据放到列表容器中,借助列表非常方便将大小写进行转化,解决上述的大小写不统一的问题(例3-6)。

例3-6

```
#默认就是list类型
stu_genders=['Female', 'male', 'female']
print(stu_genders)
#大写转小写
stu_genders[0]=stu_genders[0].lower()
print(stu_genders)
```

结果如下:

```
['Female', 'male', 'female']
['female', 'male', 'female']
```

3.2.2 拓展知识

在实际应用中,我们将上述的学生信息进行表格存贮,表格的方式可以直观地反映实体间的关系。上述学生的信息,可以采用.csv或.excel文件进行存储。csv是最通用的一种文件格式,以半角逗号分隔的数据表,它可以非常容易地被导入各种类型表格及数据库中,可以用记事本和Excel打开。由于csv格式在中小型的数据项目中优势更大,能更容易展示、读取和写入,很多数据都是使用csv来进行存储和传输,对其进行一些处理操作也是很容易实现的。Python提供了csv的第三方库,非常方便我们读写。下面我们使用案例数据学生信息.csv来介绍列表在使用过程中的一些小技巧(例3-7)。

例3-7

```
import csv
#列表
with open(r'D:\Data\学生信息.csv','r') as f:
    stu_csv=csv.reader(f)
    next(stu_csv)                              #跳过表头
    stu_genders= [row[3] for row in stu_csv]   #默认就是list类型
    print(stu_genders)
    for i in range(len(stu_genders)):
        stu_genders[i]=stu_genders[i].lower() #大写转小写
    print(stu_genders)
```

结果如下:

```
['Female', 'male', 'female', 'male', 'Female', 'female', 'female', 'female', 'female',
'Male']
['female', 'male', 'female', 'male', 'female', 'female', 'female', 'female', 'female',
'male']
```

在例子代码中,程序中使用了常用的第三方包csv进行表格读取,利用with open(r'D:\Data\学生信息.csv','r') as f对存储的表格信息进行读取操作,之后利用for循环将每个性别的大小写转换,然后输出,这样我们就得到了大小写统一的性别字段,在例子中,对于存储信息的读取和for循环等操作,后续我们会一一讲解。

3.3 元组（不变列表）

元组(tuple)同列表一样,也是用于存放有序数据的容器,但列表是可变序列,元组为不可变序列。也就是说列表主要用于对象长度不可知的情况下,而元组用于对象长度已知的情况下,而且元组元素一旦创建就不可修改。因此,元组也称为不变列表。例如,我们需要储存个人信息(名字,年龄,性别,学号,专业,假定只需要这五种信息,即对象长度为5)的时候,就可以用元组来实现(例3-8)。

例 3-8

```
id=('张三',18,'男',20220201,'测绘')
print(id)
```

结果如下:

```
('张三', 18, '男', 20220201, '测绘')
```

元组和列表的操作非常相似,元组的特点如下:
(1)可以用tuple()函数或者小括号()创建,元素之间用逗号","分隔;
(2)元组的元素不需要具有相同的类型;
(3)使用索引来访问元素;
(4)可切片;
(5)元素的值一旦创建就不可修改(这是区别于列表的一个特征)。
接下来,我们也从创建、索引、切片和常用方法这几个方面来学习。

3.3.1 创建

创建元组容器可以使用"tuple()"函数建立,也可以直接用"()"建立,元素之间用逗号","分隔。和列表容器一样,元组的元素也不需要具有相同的类型(例3-9)。

例 3-9

```
tuple1=tuple(('张三',18,'男',20220201,'测绘'))#用 tuple()函数建立
tuple2=('张三',18,'男',20220201,'测绘')  #用()建立
print(tuple1)
print(tuple2)
```

结果如下：

```
('张三', 18, '男', 20220201, '测绘')
('张三', 18, '男', 20220201, '测绘')
```

如果要定义只包含一个元素的元组,也必须在这个元素后边加上逗号,否则Python解释器会将其当作字符串(例3-10)。

例3-10

```
# 最后加上逗号
a = ("http://www.baidu.com ",)
print(type(a))
print(a)
# 在最后不加逗号
b = ("http://www.baidu.com")
print(type(b))
print(b)
```

结果如下：

```
<class 'tuple'>
('http://www.baidu.com ',)
<class 'str'>
http://www.baidu.com
```

可见,只有变量a才是元组,后面的变量b是一个字符串。实际来说,元组放一个元素是不合适的,只有一个元素还不如直接使用变量,如果确实需要只有一个元素的元组,应该在元素后面加一个逗号。总之,当元组中只有一个元素时,需要在该元素后面添加逗号来消除歧义。

虽然元组中的元素值不允许修改,但是可以对元组进行连接组合,以及使用del语句来删除整个元组(例3-11)。

例3-11

```
tuple1=('张三',18,'男',20220201,'测绘')
tuple2=('遥感', '地信')
```

```
#可以使用+和*,对元组进行组合连接和重复复制
tuple3= tuple1+ tuple2
print(tuple3)
del tuple3
```

结果如下:

```
('张三', 18, '男', 20220201, '测绘', '遥感', '地信')
```

3.3.2 索引

可以使用索引访问元素,但不可以修改元素(例3-12)。

例3-12

```
tuple2=('张三',18,'男',20220201,'测绘')
print(tuple2[0],tuple2[2])
tuple2[2]='卫星导航'
```

结果如下:

```
张三 男
TypeError: 'tuple' object does not support item assignment
```

☞**小提示**:元组可以看成只读的列表,可以给存储元组的变量赋值,但是不能修改元组本身的元素。

3.3.3 切片

与列表切片格式一样,为tuple[START:STOP:STEP],START代表起始下标(包括起始元素),STOP代表停止下标(不包括停止元素),STEP代表步长和方向,大于0时代表从左往右切,小于0时代表从右往左切(例3-13)。

例 3-13

```
tuple1=('张三',18,'男',20220201,'测绘')
print(tuple1[1:3])
print(tuple1[1:3:2])
print(tuple1[3:1:-2])
```

结果如下：

```
(18, '男')
(18,)
(20220201,)
```

3.3.4 方法

元组具有不可变性（元素的值一旦创建就不可修改），没有列表中的增、删、改的操作，只保留了 index()，count() 查询操作（例 3-14）。另外，元组还有一些内建函数可供使用（表 3.3）。

例 3-14

```
#建立元组 tuple1
tuple1 = ('张三',18,'男',20220201,'测绘')
print(tuple1.count(18))
print(tuple1.index('测绘'))

#建立列表 list1
list1=["测绘","卫星导航"]
```

表 3.3 元组的一些内建函数及其解释

内建函数	说明	示例
len(tuple)	计算元组中的元素的个数	len(tuple1)
max(tuple)	返回元组中元素最大值	max(tuple1)

续表

内建函数	说明	示例
min(tuple)	返回元组中元素最小值	min(tuple1)
tuple(seq)	将列表转换为元组	tuple(list1)

3.4 元组的应用

对于数据学生信息.csv,学号是学生的唯一识别信息,在程序开发中,对于唯一识别信息,一般都会设置成只读保护模式,而元组是只读模式,所以我们对于唯一识别信息都会将其用元组保存。因为元组具有只读的特性,因此我们可以选择元组来保存学号信息。前面我们使用列表容器来存储信息,根据需要,我们可以将列表转换成元组(例3-15)。

例3-15

```
stu_ids=['2021001', '2021002', '2021003']    #默认就是list类
print(stu_ids)
stu_ids=tuple(stu_ids)
print(stu_ids)
```

结果如下:

```
['2021001', '2021002', '2021003']
('2021001', '2021002', '2021003')
```

从运行结果我们可以看到,学号的信息,从列表被转换成了元组。接下来,我们还是以学生信息.csv数据为例,介绍如何解决实际应用中对只读保护模式的需求(例3-16)。

例3-16

```
import csv
with  open(r'D:\Data\学生信息.csv','r') as f:
    stu_csv=csv.reader(f)
    next(stu_csv)                      #跳过表头
    stu_ids= [row[0] for row in stu_csv]      #默认就是list类型
    print(stu_ids)
    stu_ids=tuple(stu_ids)
    print(stu_ids)
```

结果如下：

```
['2021001', '2021002', '2021003', '2021004', '2021005', '2021006', '2021007',
'2021008', '2021009', '2021010']
('2021001', '2021002', '2021003', '2021004', '2021005', '2021006', '2021007',
'2021008', '2021009', '2021010')
```

上述的学生信息我们一般会存储为 .csv 文件，在例子代码中，也是利用了 with open (r'D:\Data\学生信息 .csv','r') as f 对存储的表格信息进行读取操作，然后从列表转换成元组。由于第三方包会默认将学号保存为列表格式，因此我们将列表转换为元组即可。

3.5 总结

数据容器是 Python 语言的数据结构，可以容纳多个数据元素的一种数据类型，其中包含的元素可以是字符串、数字和布尔类型。列表、元组这两种数据容器使用方便，可以帮助我们很好地完成工作。当然，由于特点不一样，所适用的情况也不一样，我们可以根据它们的特点及我们的需求，选择合适的数据容器。计算机对于数据的管理，也需要将其结构化，从而便于查询和管理，提高代码的效率。

3.6 本章习题

题 3.1
创建一个包含至少三个你熟悉的编程计算机语言名称的列表，利用切片得到前两个语言的名称，并利用方法 append() 在列表中增加一个语言的名称。

题 3.2
创建一个包含 2022 四个数字的元组，利用切片读取前三个数，并利用方法计算 2 的个数。

第4章 字典和集合

本章学习目标：

● 掌握字典容器的创建、索引、切片等方法

● 掌握字典容器的查询功能

● 掌握集合容器的创建、索引、切片等方法

● 掌握集合容器的去重功能

● 掌握集合容器的集合操作

由上一章所学可知列表和元组是序列类型的一种拓展，那么除了这两种数据容器以外，还有两种常用的数据容器——字典和集合。前面介绍的列表和元组，只能放元素一维的信息，字典能储存元素的多维信息，比如，我们需要在容器中存放学生的信息，就可以建立一个字典，将学生的学号、姓名、各科成绩等相关的信息一起绑定后放入容器中。建立字典之后，我们就可以准确地查找学生的相应信息。集合是集合类型，它与字典类似，但是只包含键，而没有对应的值，它的主要作用是去重，除此之外，还可以进行交集、并集等集合运算。字典和集合可以进一步实现对数据进行统一存储和管理，提高Python编程的效率。

4.1 字典容器

字典是由"键值对（Key-Value）"构成，用来存放具有映射关系的无序数据容器。字典类型是"映射"的体现，它是一种可变的容器模型，且可存储任意类型的对象，它是键值对的集合，键值对之间可以是无序的，字典通常会被用来利用键完成查询功能。字典具有以下特点：

（1）元素由键（key）和值（value）组成。

（2）可以用dict()函数或者花括号{}创建，元素之间用逗号分隔，键与值之间用冒号隔开。

（3）键必须是唯一的，但值则不必。值可以取任何数据类型，但键必须是不可变的，如字符串、数字或元组。

（4）使用键（key）来访问元素。

4.1.1 创建字典

创建字典可以用dict()函数建立,也可以直接用花括号建立。

例 4-1

```
dict1= dict()
dict2= {}
print(dict1)
print(dict2)
```

结果如下:

```
{}
{}
```

以上例子(例4-1)使用两种方式定义一个空字典。

例 4-2

```
dict1=dict([('学号','202201'), ('姓名','张三'),('成绩',90)])
dict2={'学号':'202202','姓名': '李四', '成绩':86}
print(dict1)
print(dict2)
```

结果如下:

```
{'学号': '202201', '姓名': '张三', '成绩': 90}
{'学号': '202202', '姓名': '李四', '成绩': 86}
```

以上例子(例4-2)同样使用两种方式定义一个字典。我们下面的例子均采用第二种方式。字典对象是可变的,它能存储任意个数的Python对象,其中也可包括其他容器类型。

4.1.2 字典操作

字典是一种非常灵活的动态结构,它允许我们随时添加新的键值对。字典实际上存储了两组数据：一组是键（key），另一组是值（value）。我们可以很容易地向字典中添加元素，只需分行添加各个键值对即可。在添加时，需要指定字典名、用方括号括起的键和相关联的值。字典的主要应用场景是需要对元素进行标记的情况。有了字典，我们不再需要记住元素在列表或元组中的位置，只需利用键来访问对象中相应的值即可。此外，我们还可以通过键来访问、修改或删除元素（例4-3）。

例 4-3

```
dict={}      #定义一个字典

#在字典内添加元素
dict['学号']='202201'#添加时,要依次指定字典名、用方括号括起的键和相关联的值。
dict['姓名']='张三'
dict['语文成绩']= 90
print(dict)

#向已有元素的字典中添加元素
dict['数学成绩']= 100
dict['英语成绩']= 80
print(dict)

#字典中的元素排列顺序和定义时相同
dict['班级']='一班'
dict['总成绩']=270
print(dict)

#访问元素
print(dict['姓名'])      #通过key键访问元素

#修改元素
dict['姓名']='李四'
dict['语文成绩']= 95
print(dict)
```

```
#删除元素
del  dict['语文成绩']
print(dict)
```

结果如下：

```
{'学号': '202201', '姓名': '张三', '语文成绩': 90}
{'学号': '202201', '姓名': '张三', '语文成绩': 90, '数学成绩': 100, '英语成绩': 80}
{'学号': '202201', '姓名': '张三', '语文成绩': 90, '数学成绩': 100, '英语成绩': 80,
'班级': '一班', '总成绩': 270}
张三
{'学号': '202201', '姓名': '李四', '语文成绩': 95, '数学成绩': 100, '英语成绩': 80,
'班级': '一班', '总成绩': 270}
{'学号': '202201', '姓名': '李四', '数学成绩': 100, '英语成绩': 80, '班级': '一班', '
总成绩': 270}
```

4.1.3 常用方法

字典主要应用于需要对元素进行标记的对象，这样在使用的时候便不必记住元素本身。以下是几个在字典中的常用方法（表4.1）及举例（例4-4）。

表 4.1 字典中的常用方法

常用方法	内容含义
dict.keys()	返回一个包含字典所有 key 的列表
dict.values()	返回一个包含字典所有 value 的列表
dict.items()	返回一个包含所有（键,值）元组的列表
dict.clear()	删除字典中的所有项或元素
dict.copy()	返回一个字典浅拷贝的副本
dict.get()	返回字典中 key 对应的值

例 4-4

```
dict={'学号':'202201','姓名':'张三','语文成绩':90}

dict_keys=dict.keys()        #返回一个包含字典所有 key 的列表。
```

```
print("dict_keys:"+str(dict_keys))


dict_values=dict.values()      #返回一个包含字典所有value的列表。
print("dict_values:"+str(dict_values))


dict_items =dict.items()       #返回一个包含所有(键,值)元组的列表。
print("dict_items:"+str(dict_items))


dict_copy=dict.copy()          #返回一个字典浅拷贝的副本。
print("dict_copy:"+str(dict_copy))


information=dict.get('数学成绩','not unwritten')      #返回字典中key对应的值。
print(information)


dict_clear=dict.clear()        #删除字典中的所有项或元素。
print("dict_clear:"+str(dict_clear))
```

结果如下:

```
dict_keys:dict_keys(['学号', '姓名', '语文成绩'])
dict_values:dict_values(['202201', '张三', 90])
dict_items:dict_items([('学号', '202201'), ('姓名', '张三'), ('语文成绩', 90)])
dict_copy:{'学号': '202201', '姓名': '张三', '语文成绩': 90}
not unwritten
dict_clear:None
```

4.2 字典的应用

在程序开发中,我们常常会遇到快速统计一些信息的问题。我们还是以上一章节的学生信息为例,想要快速通过学号检索到姓名,这时候我们就可以用字典来实现。利用字典容器,将学号和姓名分别设置为字典的key和value,来实现学号到姓名的检索(例4-5)。

例 4-5

```
stu_dict={}
row=['2021001', '石叶彤', '河南', 'Female']    #默认就是 list 类型
stu_dict[row[0]]=row[1]
print(stu_dict)
print(stu_dict.get("2021001"))
print(stu_dict.get("20210101"))
```

结果如下：

```
{'2021001': '石叶彤'}
石叶彤
None
```

示例代码就是使用字典的方式实现学号到姓名的检索。可以看到，我们利用字典，检索得到了每个学号所对应的姓名。在实际应用中，我们会将大量的学生信息存放在 .csv 中。接下来，以学生信息 .csv 数据为例，使用字典容器存储学号和姓名信息，并利用字典实现上述检索的需求（例 4-6）。

例 4-6

```
import csv
#字典
with  open(r'D:\Data\学生信息 .csv','r')  as  f:
    stu_csv=csv.reader(f)
    next(stu_csv)    #跳过表头
    stu_dict={}
    for row in stu_csv:    #默认就是 list 类型
        stu_dict[row[0]]=row[1]
        print(stu_dict)
        print(stu_dict.get("2021010"))
        print(stu_dict.get("20210101"))
```

结果如下：

> {'2021001': '石叶彤', '2021002': '吕尔丝', '2021003': '袁杨梅', '2021004': '贺笑萍',
> '2021005': '熊湛静', '2021006': '段绮彤', '2021007': '赵雅韶', '2021008': '曹思雁',
> '2021009': '曾熙柔', '2021010': '任尹夏'}
> 任尹夏
> None

利用 with open(r'D:\Data\学生信息 .csv','r') as f对存储的表格信息进行读取操作,之后利用for循环来实现读取每一条记录里的学生信息。通过字典建立起学号和姓名的对应关系,这样我们就快速得到了每个学号所对应的姓名。

在实际应用中,表格中数据行数较少(如<10000行),且操作频率较低,我们可以将学号列数据保存为列表,通过输入的学号参数,进行循环查询获取到学号所在的行号,再结合列号就可以获取到姓名。但如果数据表行数较大(如>10000行),且操作频率较高,如果还使用上述方法则查询速度慢、效率低。字典通过学号字段建立了索引,虽然存储空间更大,但其检索所需时间相对列表要少。

4.3　集合容器

集合(set)是零或多个元素的无序组合。集合虽然与列表元组一样,都是属于序列,也可以用于储存值,它们之间的主要差别是集合中的每一个元素只能出现一次,不能存在多个同样值,而且元素是无序的。集合中元素的特性：

1. 确定性

集合中的元素必须是确定的,即确定了一个集合,任何一个元素是不是这个集合的元素也就确定了。

2. 互异性

集合中的元素是互异的,即集合元素是没有重复现象的(互不相同)。

3. 无序性

集合中的元素是不讲顺序的,即元素完全相同的两个集合,不论元素顺序如何,都表示同一个集合(不考虑顺序)。

4.3.1　创建集合

集合可以通过"set()"函数建立,也可以直接用"{}"创建,元素之间用逗号分隔。当花括号内没有键值对时,定义很有可能是集合而非字典。与字典相比,集合中没有键的概念,不可索引,不可切片,也不可以有重复元素。因为集合的结果有无序性,因此运行出的结果也具有无序性(例4-7)。

例4-7

```
set1=set('1235569987')
set2={'a','ab','ab','abc','bc','c'}
set3={1,2,3,4,5}
print(set1)
print(set2)
print(set3)
```

结果如下:

```
{'3', '6', '7', '8', '5', '1', '9', '2'}
{'abc', 'a', 'ab', 'bc', 'c'}
{1,2,3,4,5}
```

上面例子中的集合set1和set2变量初始化都包含有重复的元素,set1和set2完成赋值以后系统会默认进行去重操作。

4.3.2 去重操作

利用集合set(集合中的每个元素都必须是独一无二的),可用于剔除大量重复项,结果会自动去除重复元素。集合的去重操作主要包含两种方法:①集合变量初始化过程会默认进行去重操作;②将需要进行去重的变量数据类型转换为集合类型完成去重操作。例如甲、乙、丙、丁四位同学使用的编程语言分别是Python、Java、C++、Python,我们可以用"{}"或集合set()去除重复项(例4-8)。

例4-8

```
s={'python','java','c++','python'}
print (s)

list=['python','java','c++','python']
```

```
list=set(list)
print(list)
```

结果如下：

```
{'java', 'c++', 'python'}
{'java', 'c++', 'python'}
```

4.3.3 集合操作

由于集合之中的元素不能出现多次，这使得集合相较于另外两种可以更加高效地删除重复值并执行取交并集等一系列常用的数学操作。集合的一些常用方法及解释如表4.2所示。

表4.2 集合常用方法及解释（a和b为两个集合）

集合操作		描述	方法	图示
子集	a<=b	测试a是b的子集	a.issubset(b)	
	a>=b	测试b是a的子集	a.issuperset(b)	
并集	a|b	返回a和b的并集	a.union(b)	
交集	a&b	返回a和b的交集	a.intersection(b)	
差集（补集）	a-b	返回a和b的差集	a.difference(b)	

续表

集合操作		描述	方法	图示
对称差集	a^b	返回a和b的对称差集	a.symmetric_difference(b)	

下面利用上述集合的方法对集合中的元素进行操作(例4-9)。

例4-9

```
sub1={"计算机工程", "测绘工程","地理信息系统","遥感工程"}
sub2={"测绘工程","嵌入式系统","惯性导航","组合导航","计算机工程"}

#判断子集关系
set_issubset=sub1.issubset(sub2)        #判断a是b的子集
print("set_issubset:"+str(set_issubset))
set_issubset=sub1.issuperset(sub2)       #判断b是a的子集
print("set_issubset:"+str(set_issubset))

#求并集
set_union=sub1.union(sub2)
print("set_union:"+str(set_union))

#求交集
set_intersection=sub1.intersection(sub2)
print("set_ intersection:"+str(set_intersection))

#求差集
set_difference=sub2.difference(sub1)
print("set_ difference:"+str(set_difference))

#对称差集
set_symmetric=sub1.symmetric_difference(sub2)
print("set_ symmetric:"+str(set_symmetric))
```

结果如下：

```
set_issubset:False
set_issubset:False
set_union:{'计算机工程', '惯性导航', '地理信息系统', '遥感工程', '组合导航', '嵌入式系统', '测绘工程'}
set_ intersection:{'计算机工程', '测绘工程'}
set_ difference:{'嵌入式系统', '惯性导航', '组合导航'}
set_ symmetric:{'遥感工程', '惯性导航', '嵌入式系统', '地理信息系统', '组合导航'}
```

在集合的操作中，方法调用与逻辑运算符通常可互换使用，它们执行相同的功能。这意味着使用其中一个就足够了，同时使用两者会导致重复的结果。集合操作方法通过其独特的性质和方法支持，使得Python集合成为了解决各类集合问题的强大工具。

4.4 集合的应用

在实际的开发中，我们还可以利用集合来快速地统计一些信息，例如快速地统计学生籍贯分布在哪些省份，这个问题实际上就是对籍贯进行去重。可以用集合来存储籍贯数据，利用集合中的元素不可重复的特点来实现自动去重（例4-10）。

例4-10

```
stu_adds=['河南', '山东', '四川', '云南', '四川', '河南', '河南', '四川']
print(stu_adds)
stu_adds_revo=set(stu_adds)
print(stu_adds_revo)
```

结果如下：

```
['河南', '山东', '四川', '云南', '四川', '河南', '河南', '四川']
{'河南', '云南', '四川', '山东'}
```

从结果可以看到，我们得到了去重后的学生籍贯。下面以学生信息.csv数据为例，介绍在实际应用中使用集合（例4-11）。

例 4-11

```
import csv
#集合
with  open(r'D:\Data\学生信息 .csv','r')  as  f:
    stu_csv=csv.reader(f)
    next(stu_csv)   #读取到下一行
    stu_adds= [row[2] for row in stu_csv]   #取出籍贯
    print(stu_adds)
    stu_adds_revo=set(stu_adds)   #转换成集合去重
    print(stu_adds_revo)
```

结果如下:

```
['河南', '山东', '四川', '云南', '四川', '河南', '河南', '四川', '湖北', '江西']
{'河南', '四川', '湖北', '江西', '云南', '山东'}
```

在例子代码中,也是利用了 with open(r'D:\Data\学生信息 .csv','r') as f 对存储的表格信息进行读取操作,然后从列表转换成集合,利用集合的去重功能得到各个学生的籍贯。

4.5 总结

字典是一个容器类型,它是 Python 语言中唯一的映射类型,可以用来进行查询和检索。集合可以用于去重和集合操作。当对大量数据进行元素查找的时候,最好将数据创建为字典,或者是集合,因为字典和集合背后的查找原理是散列(哈希)表,散列表在查找元素时,查找时间很短。学习了以上四个 Python 容器后,我们知道四种容器都可以用来存储信息,但是每种容器的特点不一样,需要我们根据不同的需求来选择合适的容器。

4.6 本章习题

题 4.1

使用遥感影像进行监督分类模型训练时,通常需要将不同的地物类别名称以字符串进行存贮。为了提高计算机的计算效率,需要我们将其转换,运用字典把地物类别(字符串)和标签数字(数字)进行对应(表4.3)。请通过建立字典来完成这项任务。

表4.3　地物类别和标签数字的对应关系

地物类别	标签数字
建筑物	1
道路	2
水体	3
绿地	4

题 4.2

假设有两个地块,地物类型如下表(表4.4)。请使用集合建立两个地块的地物类型容器,判断两个地块的地物类型的子集关系,并求出交集、并集、差集及对称差集。

表4.4　地物类别和标签数字的对应关系

地块名称	地物类型
patch1	建设用地、水体、耕地、林地、草地、建设用地
patch2	建设用地、水体、耕地、林地、园地、耕地

第5章　结构语句

本章学习目标：

● 了解计算机程序结构

● 掌握条件语句

● 掌握循环结构

● 掌握跳转语句

上一章节，我们学习了Python语言的基本语句。当语句数超过一条时，可以对语句进行"打包"，构成"语句组"。语句组是一个语法上自成体系的结构体。和人的思维模式一样，计算机程序也非常强调逻辑结构。大体上计算机程序有三种结构：顺序结构、条件结构和循环结构。Python程序中，基本上所有程序的主体结构都是顺序结构，解释器按照程序编写时的顺序从第一行运行到最后一行。当然，我们会在主体顺序结构之中插入其他的语句与结构，例如条件结构、循环结构等，从而高效地实现更为复杂的功能。这一章节，首先介绍条件判断的基础知识，然后学习条件结构（条件判断）、循环结构（执行多次）和跳转语句，最后讨论不同结构语句的组合使用。

5.1　基础知识

条件判断，就是判断一个条件是真还是假。条件可以理解为一个可判断真伪的条件陈述语句，比如："张三的数学成绩高于班级的平均分"，"用户输入的密码必须包含6个字符"。对于一个条件而言，判断的结果只能有两种："真"和"假"。对应文字和认知中的"真"和"假"，计算机采用布尔值"True"和"False"来表示。

对于条件，我们可以用自己的话描述出来，可是计算机要怎么识别呢？想要让计算机理解你的意思，就需要用到比较运算符和逻辑运算符构建表达式来描述你想要表达的意思，最后计算机的判断结果是以布尔值的形式展现。接下来，我们学习布尔值和比较运算符、逻辑运算符。

5.1.1　布尔值

布尔类型（Boolean）只有两个值，True（真）和False（假），即布尔值。布尔值的两面相对，不可能存在既是真又是假的情况。在实际问题中也可以表示问题的两种答案，如学生成绩的"及格""未及格"。"True"和"False"是比较显式的真和假,而在 Python 中以下值都会被看作是假:

　　1.为 0 的数字,包括 0,0.0;

　　2.空字符串,包括' ',"";

　　3.表示空值的 None;

　　4.空集合,包括()、[]、{}。

　　其他的值都认为是 True。

5.1.2　比较运算符

　　使用比较运算符可以比较两个值,例如我们想要找到班里哪些学生的成绩高于平均分,就是把每个人的成绩和平均成绩进行比较,判断是否高于平均成绩,结果是 True(成立)或 False(不成立)。当比较运算符两边分别为 bool 型(布尔型)和 int(整型)时,比较运算符会默认将子类(bool)转换为父类 int 型,其他情况不会进行默认类型转换。比较运算符主要有以下几种(表 5.1)。

表 5.1　比较运算符

符号	含义	表达式
==	等于	a==b
!=	不相等	a!=b
>	大于	a>b
>=	大于或等于	a>=b
<	小于	a<b
<=	小于或等于	a<=b

例 5-1

```
A=5
B=9
print (A==B)
```

结果如下:

```
False
```

上面的例子(例 5-1)中,比较运算符"==",判断两值是否相等,不成立输出 False。

5.1.3 逻辑运算符

逻辑运算符可以把几个简单的语句连接成一个复杂语句,在判断条件中包含两种或多种条件,比如我们想要找出工资低于平均水平的男性,这里就涉及了两个条件:"工资低于平均水平"和"男性",在逻辑运算中这是一种"与"的关系,此时我们就需要运用到逻辑运算符来表达。也就是说需要使多种判断条件满足逻辑上的"与""或""非"关系时,需要用到逻辑运算符。逻辑运算符有以下几种(表5.2)。

表5.2 逻辑运算符号

符号	含义	表达式	说明
and	逻辑与	a and b	当 a 和 b 两个表达式都为真时,a and b 的结果为真,否则为假
or	逻辑或	a or b	当 a 和 b 两个表达式都为假时,a or b 的结果为假,否则为真
not	逻辑非	not a	如果 a 为真,那么 not a 的结果为假;如果 a 为假,那么 not a 的结果为真

例 5-2

```
a=10
b=5
print(a>7 and b<7)
```

结果如下:

```
True
```

上面例子(例5-2)中,利用and逻辑运算符来判断这两个条件是否都是真的,很明显,这两个条件都是真的,所以结果输出了 True。

在学习了布尔值、比较运算符和逻辑运算符后,我们就可以进行控制语句的编写了。顺序结构的程序逻辑上最为简单,从上至下依次执行,虽然能解决计算、输出等问题,但不能做判断再选择,对于要先做判断再选择的问题就要使用分支结构,对于通过不同的结构设计,来实现程序的执行流程的控制,因此,结构语句也称为控制语句。

5.2 条件结构

条件结构是根据设定的条件进行判断之后再执行相应语句的一种语法结构。条件结构也称为分支结构。分支结构适合于带有逻辑或关系比较等条件判断的计算,对于要先做判断再选择的问题就要使用分支结构。根据不同的程序流程,条件结构有三种形式,为单分支(if语句),双分支(if-else语句),以及多分支(if-elif语句),这些结构对比起顺序结构,它会添加一个判断的步骤,并依据判断的结果执行不同的语句,从而达到选择性的目的,简单化程序语言。

5.2.1 单分支语句

单分支是Python语句中最简单的选择结构,即给出一个条件并对输入值进行判断再输出相应结果,其基本形式为if语句:

```
if 判断条件:
        执行语句
```

if语句用于对条件是否满足进行判断,若为真(True)则进入代码块执行语句,若为假(False)则不执行其后的执行语句(例5-3)。判断条件之后要有冒号,说明该语句块还没有结束,需要用户继续输入执行语句。在输入执行语句之前,需要注意缩进四个空格。判断条件的返回值为真或假,因此用bool型变量进行存储,占用一字节。

例5-3

```
#例如判断成绩是否小于60分,成立则输出"未及格"
score=input('请输入分数:')
if float(score)<60:
    print('未及格')
```

结果如下:

```
请输入分数:20
未及格
```

分支结构适合于带有逻辑或关系比较等条件判断的计算,设计这类程序时可以先绘制其程序流程图,然后根据程序流程写出源程序,这样做把程序设计分析与语言分开,使得问题简单化,易于理解(图5.1)。

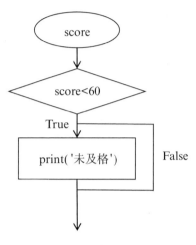

图 5.1　程序流程图

如果多个条件需要同时判断,可以使用 or,表示两个条件有一个成立时即为真;使用 and,表示两个条件同时成立时为真。基于多条件判断结果决定是否运行冒号后的执行语句(例 5-4)。

例 5-4

```
score=int(input("请输入成绩:"))
if score>100  or  score<0:
    print("输入错误")
```

结果如下:

```
请输入成绩:101
输入错误
```

例 5-4 编写了一个判断成绩的程序,当有多个条件时,可以使用括号来区分判断的先后顺序,括号内的条件的优先级最高,然后是比较运算符,然后是逻辑运算符。

5.2.2　双分支语句

前面的单分支 if 语句只能执行判断为真的情况,如果判断为假则不运行执行语句。如果条件判断为假时也需要执行特定语句,可以添加 else 关键词,添加判断为假时所须执行的语句,形成 if-else 双分支语句。格式如下:

```
if 判断条件:
        执行语句 1
else:
        执行语句 2
```

if-else 语句是在判断条件为真时执行语句 1,判断条件为假时执行语句 2。例如,判断成绩是否不小于 60 分,成立则输出"已及格",不成立则输出"未及格",代码如例 5-5 所示,该例子的双分支语句运行流程如图 5.2 所示。

例 5-5

```
score=input('请输入分数:')
if float(score) >=60:
    print('已及格')
else:
    print('未及格')
```

结果如下:

```
请输入分数:89
已及格
```

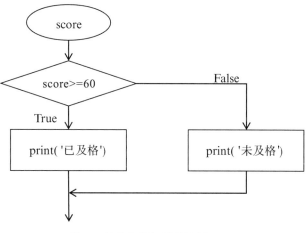

图 5.2 双分支语句运行流程

需要强调的是:①每个判断条件后面要使用冒号(:),表示接下来是满足该条件后要执行的语句块。②Python程序结构体采用增加缩进作为语句块的开始,减少缩进作为语句块的退出。使用缩进来划分语句块,语句块中每行的缩进量要相同,相同缩进数的语句在一起组成一个语句块。③在应用判断条件时,一定要注意逻辑关系,否则会导致程序被错误执行。

5.2.3 多分支语句

当我们需要进行多种条件判断时,需要引用多分支if-elif语句,可以进行多个判断条件与执行语句的定义。if-elif语句的格式如下:

```
if 判断条件:
    执行语句1
elif 判断条件:
    执行语句2
elif 判断条件:
    执行语句3
    ……
```

if-elif语句若判断条件1为真则执行语句1,为假则进行判断条件2的判断,若判断条件2为真则执行语句2,为假则继续判断条件3,如此往复下去。分支数的增加就是增加了程序对于输入值在不同条件下的解释的增加,可以使程序输出的结果更为丰富。例5-6是一个多分支语句的示例,该例子的运行流程如图5.3所示。

例5-6

```python
BMI=input('请输入BMI:')
if float(BMI) < 18.5:
    print('消瘦')
elif float(BMI) < 24.0:
    print('正常')
elif float(BMI) < 28.0:
    print('超重')
```

```
else:
    print('肥胖')
```

结果如下：

```
请输入BMI:23.9
正常
```

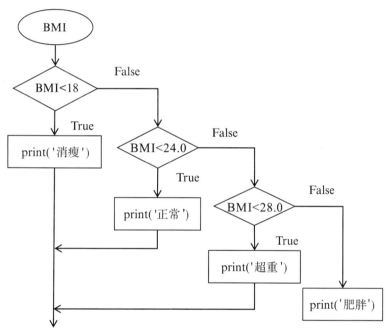

图5.3　多分支语句运行流程

分支结构的执行是依据一定的条件选择执行路径,而不是严格按照语句出现的物理顺序。分支结构程序设计方法的关键在于构造合适的分支条件和分析程序流程。下面我们以密码检验为例编写一个确定密码是否规范的程序。检验密码需要定义一个具有许多验证条件的函数来判断是否满足以下密码规范:①至少包含8个字符;②只能包含英文字母和数字;③至少包含一个大写的字母。下面我们利用多分支语句来编写这个函数(例5-7)。

例5-7

```
password=input("请输入密码:")
```

```
has_upper=False
has_lower=False
has_num=False


for ch in password:
    if ch>="A"and ch<="Z":
        has_upper=True
    elif ch>="a"and ch<="z":
        has_lower=True
    elif ch>="0"and ch<="9":
        has_num=True
if len(password)>=8 and has_upper and has_lower and has_num:
    print("That's a good password.")
else:
    print("That isn't a good password.")
```

在这个函数中,我们利用布尔值和多分支语句对用户输入的密码进行了规范检验并输出提示。

5.3　循环结构

在不少实际问题中有许多具有规律性的重复操作,例如我们可以将大量的数据放入容器(列表、元组、字典、集合等)中,循环语句可以依次得到容器循环中每个元素,实现遍历(Traversal)。所谓遍历,是指按照一定的搜索范围,依次对搜索范围内每个元素均做一次且仅做一次访问。利用循环结构可以使程序重复运行,它具有一定的重复条件及终止条件。循环结构主要有两大类,一是for循环,另一种为while循环。

5.3.1　for循环

for循环,即会对列表或其他序列数据进行类似遍历的操作,依次遍历序列的每一个元素并执行循环体语句。例如,将我国的几个主要城市名称放入一个列表结构中,使用循环结构将其打印输出(例5-8)。

例 5-8

```
cities=['Beijing','Shanghai','Guangdong']
for city in cities:
    print(city)
```

结果如下：

```
Heijing
Shanghai
Guangdong
```

for 循环中,常使用内置函数 range() 函数作为 for 循环的一个循环限制。range() 函数的语法为 range(start, stop, step),其中 start 为可选参数,表示开始,默认为 0;stop 为必选参数,表示结束,但不包括结束位置的元素;step 为可选参数,表示步长,默认为 1(例 5-9)。

例 5-9

```
cities=['Beijing','Shanghai','Guangdong']
#传入循环次数3,但不包括位置3的元素
for i in range(3):
    print (cities[i])
#传入开始位置0,结束位置3,步长2
for i in range(0,3,2):
    print(cities[i])
```

结果如下：

```
Beijing
Shanghai
Guangdong
Beijing
Guangdong
```

　　for循环为广度遍历循环。广度遍历简单来说是指从起点出发,从每一层依次检索所有数据后再进入下一层,因而这一结构会对所给序列中的所有数据元素进行一一访问,这使得for循环适合于用户给定次数的循环。为了更方便地理解广度遍历的意思,可以举一个下面的例子(例5-10):

例5-10

```
for  a  in  range(3):
    print('外部循环:',a)
    for  b  in  range(2):
        print('内部循环:',b)
```

结果如下:

```
外部循环: 0
内部循环: 0
内部循环: 1
外部循环: 1
内部循环: 0
内部循环: 1
外部循环: 2
内部循环: 0
内部循环: 1
```

　　上例有两个for循环,利用缩进,将其中一个for循环置入另一个循环的内部,所以,在这个程序运行时,外部for循环每进行一次遍历,内部for循环均须全部遍历,也就是将内部所有数据全部检索一遍才会进入外部下一次循环。

5.3.2 while循环

　　for适用于确定次数的循环,while循环适用于给定了循环结束条件但没有给定具体次数的循环。while循环从一个条件判断之后便按照此条件的后续一直进行,直到不符合的条件出现再返回第一层,结束循环。如果想遍历列表的同时对其进行修改,可使用while循环。通过将while循环同列表和字典结合起来使用,可收集、存储并组织大量输入,供以后查看和显示(例5-11)。

例5-11

```
cities1=['Beijing','Shanghai','Guangdong','Hebei','Tianjin','Shenzhen']
cities2=[]
while cities1:
    city3=cities1.pop()
    print('城市:'+city3.title())
    cities2.append(city3)
```

结果如下:

```
城市:Shenzhen
城市:Tianjin
城市:Hebei
城市:Guangdong
城市:Shanghai
城市:Beijing
```

在确定满足条件而不确定需要的循环次数时,while可能是实现该需求的选择。while循环为深度遍历循环。如果要删除列表中所有包含特定值的元素,就可以使用while循环删除这些元素(例5-12)。

例5-12

```
cities=['beijing','shanghai','guangdong','hebei','tianjin','shenzhen']
while 'shanghai' in cities:
    cities.remove('shanghai')
print(cities)
```

结果如下:

```
['beijing', 'guangdong', 'tianjin', 'shenzhen']
```

上例利用while循环和remove()函数将shanghai这个元素从列表中删除了。

while循环也可以限制循环次数,下面我们使用while循环对用户输入密码的次数进行限制(例5-13)。

例5-13

```
count=1
while count<=5:
    p = input("Enter a password:")
    if len(p)>=8:
        print("That's a good password.")

    else:
        print("That isn't a good password.")
    count+=1
```

在上例中(例5-13),我们利用while循环对用户输入的次数进行了限制,密码最多可以输入五次。

5.3.3 for循环和while循环的区别

while循环与for循环都可以执行循环语句,while循环可根据条件判断,然后根据此判断决定是否继续循环,因此,我们在使用条件循环时一般会采用while循环;for循环可以根据所给序列的长度确定次数,边遍历序列中的元素边执行中间循环体,执行的中间循环体可以为一个语句,也可以为多个语句,遍历完序列中元素后终止循环(表5.3)。

表5.3 for循环与while循环

区别	for	while
循环目的	目的是限制循环体的执行次数,使结果更精确	目的是反复执行语句或代码块
条件判断	条件不成立时立即跳出	当条件不满足时,执行完循环体内全部语句后再跳出
循环次数	确定需要循环的次数	不确定需要循环的次数

5.4 跳转结构

循环结构中,如果符合条件,就会一直循环下去,直到不符合条件退出循环。如果在特殊的情况下需要提前结束循环或者跳过中间的某次循环,这个时候就需要使用break或continue两个跳转语句来帮助我们实现上述功能。

5.4.1 break 语句

break 语句嵌套于循环体中,其功能是在指定条件下终止循环。我们可以将 break 语句与 while 和 for 循环结合起来运用,这样就可以使得循环在指定条件下结束。例如,我们进行密码检查,要求密码长度不少于 8 个字符,并且限定输入次数少于 5 次(例 5-14)。

例 5-14

```python
count = 1
while True:
    p = input("Enter a password:")
    if count<5:
        count += 1
        if len(p)>=8:
            print("That's a good password.")
            break
        else:
            print("That isn't a good password.")

    else:
        print('Wrong password, please enter later')
        break
```

结果如下:

```
Enter a password:1
That isn't a good password.
Enter a password:1
That isn't a good password.
Enter a password:1
That isn't a good password.
Enter a password:1
That isn't a good password.
Enter a password:1
```

```
Wrong password, please enter later
```

加入 break 语句后,判断密码是否正确,如果正确就立即跳出循环,判断错误次数是否超过五次,如果超过也立即跳出循环。break 语句常在 while 和 for 循环的循环体中使用。

5.4.2 continue 语句

continue 语句的作用和 break 不同。使用 break 实现的是完全终止循环,continue 语句的功能是终止本次循环,开始进入下一次的循环(例 5-15)。

例 5-15

```python
count = 1
while True:
    p = input("Enter a password:")
    if count<5:
        count += 1
        if len(p)>=8:
            print("That's a good password.")
            continue
        else:
            print("That isn't a good password.")

    else:
        print('Wrong password, please enter later')
        continue
```

结果如下:

```
Enter a password:1
That isn't a good password.
Enter a password:1
That isn't a good password.
```

```
Enter a password:1
That isn't a good password.
Enter a password:1
That isn't a good password.
Enter a password:1
Wrong password, please enter later
Enter a password:1
Wrong password, please enter later
```

可以看到,如果我们用continue语句来代替break语句,那么这个循环只是跳转到了下一次循环,并没有结束整个循环。

5.4.3 break和continue的用法和区别

两者都是循环中使用的关键字,主要用于while和for循环的循环体语句中。

在while语句中加入break/continue的格式如下:

```
while 条件表达式1:
    执行代码
    if 条件表达式2:
        break/continue
```

注:条件表达式2用于判断何时调用break/continue语句跳出循环。

在for语句中加入break/continue的格式如下:

```
for 迭代变量 in 对象:
    if 条件表达式:
        break/continue
```

注:条件表达式用于判断何时调用break/continue语句跳出循环。

两者的区别如下:

【break】在语句块执行过程中终止循环,并且跳出整个循环。

【continue】在语句块执行过程中跳出当前循环,执行下一次循环。

5.5 总结

计算机程序是有一定的逻辑性的。在许多任务中,逻辑结构复杂,需要进行程序的流程分析,绘制流程图,将程序设计与代码编写分开。顺序结构是最基本的结构。从基本语句出发组合、形成复杂的语句结构,而组合得到的结构还可以进一步组合,就得到了一个相对完整的结构语句,用来实现具体的功能,因此结构语句可以看成是一个语句块。

5.6 本章习题

题 5.1
用Python代码编写一个小程序,用来计算某个学生六科的平均成绩。

题 5.2
以成绩为例子,设定满分100分情况下,优秀是85分及以上,良好是70到85分,及格是60到70分,不及格是60分以下,然后输入分数,编写代码,判断成绩处于什么等级。

第6章 函数体

本章学习目标：
- 熟悉函数体的概念
- 掌握函数体的使用
- 了解函数体的应用

通过上一章节的学习，我们对多条语句进行"打包"，构成"语句组"。这些语法上自成体系的语句组（顺序、条件、循环等结构语句）可以组合使用，从而构成更为复杂的程序。在此基础之上，还可以将具有独立功能的代码块封装为函数，提高代码应用的模块性。当需要在程序中多次执行同一项任务时，你无须反复编写完成该任务的代码，而是可以将该任务的代码写成函数形式，直接调用函数即可。这样不仅提高了代码的重复利用率，还让程序编写、阅读、测试和修复更为容易。本章节，我们将学习函数体的构建，和函数的参数，以及变量的作用域，最后，我们学习入口函数，掌握相关程序编写的规范。

6.1 函数简介

函数是具有名称的功能代码块，通过将功能进行封装，提高代码的重复利用率，从而提高程序开发的效率。

6.1.1 函数的功能

在一个完整的项目中，某些功能会反复地使用，那么我们会将这些功能封装成函数，当我们要使用功能的时候直接调用函数即可。假设我们要实现一个邮件响应的功能，可以直接编写（图6.1左侧），也可以使用定义和调用函数的方法（图6.1右侧）。

通过观察可以发现，使用函数来编写代码，明显缩减了代码的行数，使代码更加简洁美观。再进一步思考一下，假如我们编写的这个邮件响应函数中"连接邮件服务器"这一步有一些错误或者是有一些设定需要修改，如果是左边这种编写方式，就需要去每个if语句块中找到"连接邮件服务器"并进行修改，共修改5次，而右边使用了函数后，我们只需要在最上方定义的函数中对"连接邮件服务器"进行修改即可，只须修改1次。因此，使用函数更便于修改，减少了编程和代码调试的工作量。在实际应用过程中语句块的数量往往是非常多的，这种对比会更加强烈，使用函数可以极大减少工作量。

```
while true:                        def 邮件响应函数（）
if cpu>90%                              连接邮件服务器
    连接邮件服务器                        发送邮件
    发送邮件                             关闭连接
    关闭连接                         while true:
if memory>90%                      if cpu>90%
    连接邮件服务器                        邮件响应函数（）
    发送邮件                         if memory>90%
    关闭连接                             邮件响应函数（）
if disk>90%                        if disk>90%
    连接邮件服务器                        邮件响应函数（）
    发送邮件                         if router>90%
    关闭连接                             邮件响应函数（）
if router>90%
```

图6.1 定义与调用函数

6.1.2 函数的特征

我们从函数的概念、函数的本质和函数的优点来掌握函数的特征。

函数的概念：函数是组织好的，有特定功能的，可重复使用的，用来实现单一，或相关联功能的代码段。

函数的本质：函数就是对功能的封装，提高代码的重复利用率和应用的模块性。Python里的函数也是如此，我们通常会给这个函数指定一些输入，也就是参数，给定这些输入后，经计算便可以得到一些输出，也就是函数的返回值。

函数的优点：使程序变得更简短而清晰、有利于程序维护、可以提高程序开发的效率、提高了代码的可读性。

6.2 函数的使用

函数的使用可以分为两个步骤：定义函数和调用函数。

6.2.1 定义函数

通过之前对Python内置函数的介绍，例如print()和range()等，我们已经对它们有了基本的了解。此外，Python还支持使用第三方包中的函数，比如os模块中的os.listdir()和os.

getcwd(),分别用于获取文件夹的名称和文件列表,以及获取当前工作目录。然而,Python的灵活性远不止于此,它还允许我们根据个人需求编写自定义函数。创建一个自定义函数的基本语法结构如下所示:

```
def 函数名(参数1,参数2,……参数n):
    执行语句
    return 表达式
```

函数代码块以def关键字开始,用于定义一个函数。函数提供了一种接口,通过参数传递信息,并返回结果给调用者。函数名是自定义的,用于表示函数的功能。参数列表是可选的,即使没有参数,也需要用小括号括起来。函数内容以冒号开始,并且需要缩进。函数可以有返回值,也可以没有返回值。如果有返回值,使用return语句来返回结果;如果没有返回值,可以省略return语句,或者写为return None。

下面使用示例定义函数并输出:

```
def fun():
    print("hello world")
```

上面的fun()是一个非常简单的函数:没有参数,没有返回值。

☞小提示:函数名称应该能够表达函数封装代码的功能,提升代码的可读性;函数名称需要遵循标识符规则的命名规则:可由字母、下划线和数字组成;不能以数字开头;不能与关键字重名(必须重名的话需要在函数名称后面加下划线来避免和关键字冲突,如班级'class_')。

定义一个算法函数,可以实现相加的功能,并返回最终结果:

```
def addMe(me):
    return(me + me)
```

addMe()也是一个非常简单的函数:有一个参数,有返回值。接下来,我们再定义一个函数,实现经纬度坐标的单位转换:有多个参数,有返回值。

```
def LatLong(x,y,z):
    m = z/60
    f = (y+m)/60
    u = x+f
    return u
```

LatLong(x,y,z)是一个有多个参数，并且有返回值的函数。多个参数用逗号分隔组成参数列表，任何传入函数的参数和变量必须放在圆括号之间。

```
def dms(a):
    d = int(a)
    m = int((a-d)*60)
    s = ((a-d)*60-int((a-d)*60))*60
    #return d,m,s
    #return [d,m,s]
    return (d,m,s)
```

dms(a)是一个有多个返回值的函数。一般情况下，函数只有一个返回值，但Python也支持函数返回多个返回值。为了返回多个返回值，只须在return关键字后跟多个值（依次用逗号分隔）。事实上，当返回值增加时，Python默认以元组（tuple）的方式返回。

6.2.2 调用函数

要调用一个函数，需要知道函数的名称和参数，Python内置了很多有用的函数，我们可以直接调用。如何调用自定义函数呢，其实就和我们之前调用内置函数一样，函数名（参数列表）即可（例6-1）。

例6-1

```
def fun():
    print("hello world")
fun()
```

运行结果:

> hello world

上面的例子定义一个简单的函数,并调用该函数。接下来,我们定义一个函数,实现将十进制的经纬度坐标转换为度分秒的格式,并调用该函数(例6-2)。

例6-2

```
def dms(x):
    d = int(x)
    m = int((x-d)*60)
    s = ((x-d)*60-int((x-d)*60))*60
    return (d,m,round(s,4))


print(dms(116.32))
```

运行结果:

> (116, 19, 12.0)

函数本质是封装,Python里的函数也是如此,我们通常给这个函数一些输入,也就是参数,从而得到一些输出,也就是函数的返回值。

6.3 函数的参数

在定义和调用函数时大多需要有一定的参数。参数,就是参与运算的数据,也叫参变量或变量。

6.3.1 实参和形参

从定义和调用的角度来讲,函数的参数分为形式参数和实际参数,简称形参和实参:形参即在定义函数时括号内声明的参数,实参是在函数调用时传递给函数的值。形参本质就是一个变量名,用来接收外部传来的值。实参即在调用函数时,括号内传入的值,值可以是常量、变量、表达式或三者的组合:

```
#实参是常量
res = my_min(1, 2)

#实参是变量
a = 1
b = 2
res = my_min(a, b)

#实参是表达式
res = my_min(10 * 2, 10 * my_min(3, 4))

#实参可以是常量、变量、表达式的任意组合
a = 2
my_min(1, a, 10 * my_min(3, 4))
```

在调用有参函数时,实参(值)会赋值给形参(变量名)。在Python中,变量名与值只是单纯的绑定关系,而对于函数来说,这种绑定关系只在函数调用时生效,在调用结束后解除。

6.3.2 参数的使用

函数常用的参数类型有四种,分别是位置参数、默认参数、可变参数和关键词参数。定义函数时可以同时使用四种参数,但顺序必须是位置参数、默认参数、可变参数、关键词参数。这里所说的参数类型更类似参数格式,也就是说在定义函数时它们是形参,在调用函数时它们是实参。语法如下:

```
#定义函数,括号内为形参
def 函数名(位置参数,默认参数,可变参数,关键词参数):
    执行语句
    return 表达式
#调用函数,括号内为实参
函数名(位置参数,默认参数,可变参数,关键词参数)
```

调用函数的时候,如果传入的参数数量不对,会报TypeError的错误;如果传入的参数数量是对的,但参数类型不能被函数所接受,也会报TypeError的错误。

6.3.2.1 位置参数

位置参数也可以叫作必要参数(必选参数),调用函数时根据函数定义的参数位置来传递参数,参数的数量和位置必须和定义函数时的数量和位置保持一致(例6-3)。

例6-3

```
def LatLong(x, y, z):
    m = z/60
    f = (y+m)/60
    u = x+f
    return u
print(round(LatLong(116,54,33),4))
print(round(LatLong(33,54,116),4))
```

结果如下:

```
116.9092
33.9322
```

调用此函数时改变参数位置结果会发生变化,结果1是正确的,结果2由于将"度"和"秒"的位置互换了,导致计算错误。

6.3.2.2 默认参数

定义默认参数,为参数提供默认值。调用函数时默认参数的值可以传参,也可以不传参(例6-4)。

例6-4

```
def LatLong(x, y, z=54):
    m = z/60
    f = (y+m)/60
    u = x+f
    return u
```

```
print(round(LatLong(116,21),4))
print(round(LatLong(116,21,78),4))
```

结果如下：

```
116.365
116.3717
```

可以看出，定义默认参数 z=54 后，调用函数时，可以不给 z 赋值，执行时使用的就是默认值 54，给 z 赋值 78 后，使用的就是 78 来计算。

☞小提示：所有位置参数必须出现在默认参数前，包括函数定义和调用。

6.3.2.3 可变参数

定义函数时，有时候我们不确定调用的时候会传递多少个参数（不传参也可以）。这时就可以使用可变参数进行定义，我们传进的所有参数都会被 args 变量收集，它将根据传进参数的位置合并为一个元组（tuple）。接下来，我们将创建一个函数来识别用户输入中的数字。由于用户可能输入多个参数，我们将使用可变参数来处理这种情况（例 6-5）。

例 6-5

```
1. #用户输入任何字符,实现数字识别的功能
2. import re
3. def check_num(*x):
4.     for i in x:
5.         pattern = re.compile('\d')
6.         match = re.findall(pattern, str(i))
7.         if match:
8.             print(i)
9. check_num (1,'l1',  'rl',[1,2,'er'])
```

结果如下：

```
1
```

```
l1
[1, 2, 'er']
```

可以看出,我们不确定调用的时候会传递多少个参数,使用可变参数定义的函数在调用时参数数量没有限制。

6.3.2.4 关键词参数

关键词参数是通过"键-值"(字典)形式加以指定。可以让函数更加清晰、容易使用,同时也清除了参数的顺序需求。通过关键词参数和位置进行函数的调用(例6-6)。

例6-6

```
def LatLong(x, y, z):
    m = z/60
    f = (y+m)/60
    u = x+f
    return u
print(round(LatLong(x=116,y=2,z=3),4))
print(round(LatLong(z=3,y=2,x=116),4))
print(round(LatLong(116,z=3,y=2),4))
```

结果如下:

```
116.0342
116.0342
116.0342
```

可以看出,通过关键词参数调用函数时,可以打乱顺序,并且可以以位置参数在前,关键词参数在后的形式调用函数关键字参数,就是我们在函数传递实参时,可以通过参数名指定,我们具体传递的是哪个形参,但关键字参数的实参和形参的个数还必须是一一对应的。

6.4 变量作用域

在Python中,我们将依次学习几种封装结构:函数体、类和模块和包。对于这几种封装结构,其内部和外部的变量的作用范围是不一样的。

6.4.1 作用域

变量的作用域是指变量有效性的范围,就是用户自定义的变量可以使用的代码范围。变量的作用域与变量定义的位置密切相关,并不是在哪个位置都可以访问的,访问权限取决于这个变量是在哪里赋值的,也就是在哪个作用域内的,因此取决于变量在源程序中被定义的位置。在上一章节中,我们学习了结构语句(if语句、for语句),在结构语句里面定义的变量,可以被外部访问,因此它们不存在作用域的概念。但是,函数内部的变量通常无法被函数外部访问,只在函数体内部可以访问。也就是说内部代码可以访问外部变量,而外部代码通常无法访问内部变量,这就是变量的作用域的概念。根据变量的作用范围,可以分为全局变量和局部变量两种。

6.4.2 全局变量

全局变量是定义在函数外的变量。经过定义后,可以在接下来的整个程序中任意地方调用。全局变量的定义和调用方式如下(例6-7):

例6-7

#定义全局变量

```
coefficient = 100
#定义函数
def  BMI(weight,height):
    BMI_value = weight / ((height/coefficient) * (height/coefficient))
    print("全局变量 : ",coefficient)
    return(BMI_value)
BMI(60,170)    #调用函数
```

结果如下:

```
全局变量 : 100
```

例6-7中coefficient是全局变量,它定义在函数外,但是可以在函数体内部进行调用。

6.4.3 局部变量

局部变量是在函数内部定义的变量,其作用是临时保存数据需要而在函数中定义变量来进行存储,只能在当前函数内调用,不能在当前函数外或其他函数内调用,在其他位置调用会发生错误。通过示例说明,在函数内外分别调用局部变量如下(例6-8):

例6-8

```
#定义函数
def  BMI(weight,height):
    BMI_value = weight / (height * height)     #定义局部变量
    print(BMI_value)
    return  (BMI_value)


BMI(1,2) #调用函数
print(BMI_value)    #函数外打印局部变量
```

结果如下:

```
0.25
NameError: name 'BMI_value' is not defined
```

错误出现的原因是BMI_value被定义为函数内的局部变量。局部变量仅在函数内部有效,因此当我们尝试在函数外部访问局部变量BMI_value时,程序将报错。值得注意的是,即使在不同的函数中存在同名的变量,由于它们的作用域限制在各自的函数内,所以在各自的函数中调用它们并不会引发错误(例6-9)。

例6-9

```
def model1(a,b):
    n1=a+b    #定义局部变量
    print("局部变量:",n1)
    return(n1)
def model2(a,b):
    n1=a*b    #定义局部变量
```

```
    print("局部变量:",n1)
    return(n1)
model1(1,2)  #调用函数
model2(1,2)  #调用函数
```

结果如下:

```
局部变量: 3
局部变量: 2
```

例6-9中,model1中的n1和model2中的n1变量名相同,所在的函数不同,由于所在函数不同,在调用这两个变量时并没有发生错误,都能正确调用。从以上示例中看出,不同的函数内部可以定义名字相同的变量,它们不会相互影响。

6.5 函数的组织

在实际编程过程中,为了实现所需要的功能,我们可能需要编写多个函数,但我们编写函数的顺序不一定就是调用的顺序,而且一个函数可能会调用多次,这个时候如果不进行一定的规范就很容易错乱。如何让Python知道程序从哪里开始,以及函数调用的次序呢? 接下来,我们要了解一下函数的组织方法。

6.5.1 主函数(入口函数)

主函数,也被称作入口函数,其作用是标识程序的起始点,它是规范化编程中不可或缺的部分。在众多编程语言中,例如C++和Java,程序的启动是通过一个名为Main()的函数来实现的。当我们运行程序时,这个函数会被自动执行,通常它被视作程序的起点,因为它位于程序的最顶端,在其他语言中,程序的执行是从main函数开始的。然而,Python并没有一个明确的特定函数来作为程序的入口,理论上讲,我们可以随意定义入口函数的名称。尽管Python并没有强制要求设置这个函数为main(),但为了保持代码的一致性并为其他程序员提供识别程序起始点的便利,我们仍然建议将入口函数命名为main()。图6.2展示了有无入口函数的示例:

```
def 函数1（）
    代码块
def 函数2（）
    代码块
def 函数3（）
    代码块
def 函数4（）
    代码块
def main():
    函数1（）#调用函数
    函数3（）#调用函数
    函数2（）#调用函数
```

```
def 函数1（）
    代码块
函数1（）#调用函数
def 函数2（）
    代码块
def 函数3（）
    代码块
函数3（）#调用函数
def 函数4（）
    代码块
函数2（）#调用函数
函数1（）#调用函数
函数4（）#调用函数
```

图6.2 加了入口函数与没加入口函数

右图是没有按照规范进行编写的形式，没有入口函数，可能会出现调用函数随处存在的情况，比如编写完函数1就进行了调用，编写完函数3又进行了调用，可能在编写的时候觉得这两个函数是相对比较独立的，可以写完立刻调用。但是一旦函数过多，调用函数混杂在定义函数中，想要找到函数的调用顺序及调用次数就非常困难了。

左图是按照规范进行了书写，即我们一般在前面定义函数，在最后编写一个入口函数，在入口函数中调用函数。可以明显感觉到，左图的书写方式使函数的调用顺序及次数更加清晰明了，便于我们进行查看。

6.5.2 模块调用（if __name__ == '__main__'）

除了主函数，我们还会经常用到 if __name__ == '__main__'，让脚本模块既可以自己可执行，也可以导入别的模块中用。即如果 if __name__ == '__main__' 所在模块是单独运行的，则该语句下面的代码都会运行；如果所在模块是被其他模块调用的，则该语句下代码不被运行。当我们创建一个模块（.py文件），就会有一个内置属性name被生成，如果我们运行了这个模块，它就相当于直接执行__name__=="__main__"这一语句；如果我们把创建的模块导入另一个模块中，模块的name则为这个导入的模块名。下面以地理坐标系中经纬度的度分秒与十进制度转换为例介绍入口函数的使用方法。首先创建一个"L2dms.py"模块（例6-10）。

例 6-10

```python
def dms(a):
    d = int(a)
    m = int((a-d)*60)
    s = ((a-d)*60-int((a-d)*60))*60
    return (d,m,round(s,4))


def LatLong(x,y,z):
    m = z/60
    f = (y+m)/60
    u = x+f
    return round(u,4)


if __name__=="__main__":
    print(__name__+'被自己调用')
else:
    print(__name__+'被别的模块调用')
```

运行结果：

```
__main__被自己调用
```

首先定义了两个方法：dms()和 LatLong()，来依据转换代码打印我们想要输出的内容，然后判断"__name__"是不是等于"__main__"，如果等于则执行打印"__name__"对应的值及打印"被自己调用"操作，反之执行"__name__"对应的值及"被别的模块调用"，由运行结果有打印内容说明了__name__是等于__main__的。下面让经纬度转化的模块"L2dms.py"自己执行（例 6-11）。

例 6-11

```python
#定义函数,实现度->度分秒的格式转换
def dms(a):
    d = int(a)
    m = int((a-d)*60)
```

```
        s = ((a-d)*60-int((a-d)*60))*60
        return (d,m,round(s,4))


#定义函数,实现度分秒->度的格式转换
def LatLong(x,y,z):
    m = z/60
    f = (y+m)/60
    u = x+f
    return round(u,4)


#入口函数
if __name__=="__main__":
    print('转换后:' + str(dms(116.542)))
    print('转换后:'+str(LatLong(116,34,34)) + '°')
```

运行结果:

```
转换后:(116, 32, 31.2)
转换后:116.5761°
```

通过在自己的入口函数中调用函数进行经纬度的度分秒与十进制度的转换,这样使该模块被自己调用。再创建"main.py"作为主模块,在其中定义参数并把上一个模块"L2dms.py"导入。如果想要在"main.py"中执行导入模块即"L2dms.py"的功能,需要把导入模块"L2dms.py"的功能导入(例6-12)。

例6-12

```
from L2dms import dms
from L2dms import LatLong


if __name__=='__main__':
    print(__name__)
    print('转换后:' + str(dms(116.542)))
    print('转换后:'+str(LatLong(116,34,34)) + '°')
```

结果如下：

L2dms被别的模块调用

__main__

转换后：(116, 32, 31.2)

转换后：116.5761°

可以表明在"main.py"模块中调用函数时，"L2dms.py"中的"__name__"不等于"__main__"，故首先输出"L2dms被别的模块调用"。执行 Print，确认当前执行函数为"main"。然后调用模块"L2dms.py"的功能，实现经纬度的度分秒与十进制度的转换。以上通过地理坐标系中经纬度的度分秒与十进制度转换为例介绍了函数的组织，在编程中养成规范的写法可以使自己思路更清晰，阅读的人也能懂你的意思。

6.6 总结

在程序编写中，我们可以先将要解决的问题分解成不同的任务，并将这些任务封装成不同的模块，然后我们将调用功能独立的模块，把问题一步一步地完成即可。通过定义函数，在后续编写过程中直接调用函数可以提高代码的可阅读性，减少工作量，提高复用性，使代码易于修改。总之，函数使程序变得更简短而清晰、有利于程序维护、可以提高程序开发的效率、提高代码的复用性。

6.7 本章习题

题 6.1

定义函数求面积

假设有一梯形，上底为5，下底为6，高为8，定义一个函数求它的面积。

题 6.2

关键词参数使用

打乱关键词参数顺序，看是否能得到相同的结果。

题 6.3

请构造函数 Mysplit() 完成对自定义字符串的分割与输出（提示：可调用内部函数 split()）。

题 6.4

请构造函数实现将用户输入的若干个数字进行自动求和的功能，用户输入可能是多个则需要用到可变参数。

第7章　类与对象

本章学习目标：

● 了解编程思想，熟悉抽象和封装的技术

● 掌握 Python 类和对象的基本概念

● 掌握类的静态属性和动态方法

● 掌握类的定义、创建和使用

● 掌握对象的创建和使用

　　类和对象是 Python 的重要特征。在前面章节的学习中，我们已经接触了封装技术，比如说，Python 容器就是一种封装，我们可以将各种数据放在里面，这属于数据层面的封装；函数也是一种封装，把常用的代码块打包成一个函数，这属于语句层面的封装；模块（一个 py 文件）和包（一类模块）也是一种封装，把封装好的功能组模块放在一起，这属于功能层面的封装。本章节，我们将学习一种新的封装方法：类和对象。类将静态属性和动态方法封装在其中，对象可以在此基础上实例化。通过学习 Python 类和对象的基本概念和基本语法，实现类的静态属性和动态方法的构建，为后面学习面向对象的编程方法打下基础。

7.1 编程思想

　　Python 是一种面对对象的高级编程语言。面向对象的编程，是一种高级的编程思想，是计算机编程技术发展到一定阶段后的产物。要想掌握这种思想，我们需要了解两个重要的概念：抽象和封装。

　　抽象是计算机语言工作原理的重要组成部分：抽象的事物更加简单稳定，特定的事物更加复杂易变，同时抽象和具体又是可以互相转化的。类和对象能够更好地模拟真实世界里的事物（对象），并把描述特征的数据（属性）和实现功能的函数（方法）封装到一起，构成属性和方法的集合（类）。对象是对客观事物的抽象，类是对对象的抽象。理解这种抽象和具体的关系才能更好地理解我们的编程。

　　封装其本质就是"黑箱"。黑箱方法是系统论里常用的一种方法，是研究复杂系统时所采用的一种手段。我们将研究的问题抽象成一个看不透的黑色箱子，仅仅通过输入和输出的特点,研究黑箱内部的结构和相互关系,了解该系统规律(图7.1)。在编程中,我们将实现功能的具体代码隐藏起来,只提供一定的接口,用户不需要知道内部是如何工作,只需要根据提供的接口与之实现通信。

图 7.1 封装技术的示意图

7.2 类

类(Class)是用来描述具有相同属性(Attribute)和方法(Method)的对象的集合,它是面向对象程序设计中从始至终贯通且至关重要的概念。虽然计算机中的类是抽象的,但是它几乎可以表达出现实世界中的任何事物:实体、场、事件等。在使用类时,需要先创建类(定义抽象的类,然后实例化类),然后通过类的实例就可以访问类中的属性和方法。接下来,我们学习类的创建,了解类的属性和方法。

7.2.1 类的创建

我们首先创建一个"人"类。这个类不是一个实体,而是一个抽象的概念,将其共同的属性(姓名和年龄等)和共同的方法(语言表达)进行封装。有了抽象的类,我们可以实例化若干个实体。用"人"类创造出一个个具体的人物(例7-1)。

例 7-1

```
# 创建一个人类
class Person:

    def __init__(self, name,gender, age):# 定义人的属性
        self.name = name
        self.gender=gender
        self.age = age


    def show(self):
        info = "Name: {},Gender: {},Age: {}".format(self.name,self.gender, self.age)
        return info
```

```
if __name__ == "__main__":
    p=Person('xiaoming','male',10)
    print(p.show())
```

运行结果：

```
Name: xiaoming,Gender: male,Age: 10
```

创建一个类我们需要使用关键词 class，class 后面紧接类名"Person"，类名通用习惯为首字母大写。在创建类后，类通常会自动创建一个__init__()方法。它是一个特殊的方法—构造函数，我们后面会介绍。几个需要强调的问题：①该方法必须包含一个 self 参数，一个指向实例本身的引用，用于访问类中的属性和方法；②self 参数必须放在最前面，是第一参数，其他参数可以根据需求添加在其后。我们创建的 Person 类包含 name、gender、age 三个属性和一个 show 方法。在入口函数里面，用 Person 类来实例化一个具体的对象，并调用其中的方法。

接下来，我们再创建一个几何长方体类（例7-2）。

例 7-2

```
#长方体类
class Cuboid():
    def __init__(self,l,w,h):
        self.l = l
        self.w = w
        self.h = h
    def cal_area(self):#底面面积
        area = self.l * self.w
        return area
    def cal_volume(self):#体积
        volume = Cuboid.cal_area(self) * self.h
        return volume

if __name__ == "__main__":
```

```
l  =  float(input("输入长方体的长:"))
w  =  float(input("输入长方体的宽:"))
h  =  float(input("输入长方体的高:"))
c=Cuboid(l, w, h)
print(c.cal_volume())
```

运行结果:

```
输入长方体的长:1
输入长方体的宽:2
输入长方体的高:3
6.0
```

同样,这个长方体类不是一个实体,而是一个抽象的概念,将其共同的属性(长、宽、高)和共同的方法(体积计算)进行封装,在此基础上实例化对象,调用其体积计算的方法来实现具体的功能。

7.2.2 类的属性

类的属性用于描述所有对象共同特征的变量或数据,比如人的姓名、性别和年龄。类中的属性可以分为两种:实例属性和类属性(图7.2)。实例对象的属性为实例对象自己私有,而类属性是实例对象共有的属性,与全局变量相当。

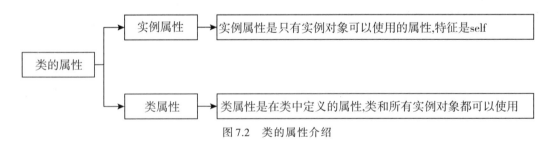

图7.2 类的属性介绍

7.2.2.1 实例属性

实例属性指的是在任意类方法内部,以"self.属性名"的方式定义的属性,其特点是只能实例对象调用。实例属性用于记录具体对象的特征,如姓名、性别、年龄等(例7-3)。

例7-3

```
#实例属性的使用
class Person:
    def __init__(self, name, gender, age):
        self.name= name
        self.gender = gender
        self.age = age


if __name__ == "__main__":
    person = Person("xiaoming", "male", 20)
    print(person.name)# 实例属性通过实例访问
    print(person.age)
    print(Person.gender)
```

结果如下：

```
xiaoming
20
Traceback (most recent call last):
    File "D:/Data/A07/例7-3.py", line 11, in <module>
        print(Person.gender)
AttributeError: type object 'Person' has no attribute 'gender'
```

上述代码Person类中的name、gender和age都是实例属性,只能通过实例对象来调用,如代码中9~11行所示,name和age是通过实例对象person调用的,而gender是通过Person类名来调用的,由运行结果可知,实例属性通过实例访问,但是实例属性无法通过其所属的类名来访问。

7.2.2.2 类属性

类是一个模板,类属性就是这个模板的一个特性,这个特性被所有类的实例对象所共有。类属性通常用来记录与这个类相关的特征,不会用于记录类的具体对象的特征,如例7-3中的姓名、性别和年龄等。下面利用Person例子对类属性的特点进行讲解(例7-4)。

例 7-4

```
#类属性的调用
class Person:
    #增加类属性
    category='human'
    def __init__(self, name, gender, age): #定义人的属性
        self.name = name
        self.gender = gender
        self.age = age

if __name__ == "__main__":
    person1 = Person('xiaoming', '男', 22)
    person2 = Person('xiaofang', '女', 20)
    print(Person.category) #类属性通过类访问
    print(person1.category) #类属性也可以被实例访问
    print(person2.category) #所有实例都可以访问同一个类属性
```

结果如下:

```
human
human
human
```

定义 Person 类时,在关键字"class"下方使用赋值语句定义一个类属性"category",如例 7-4 第 4 行代码所示。类属性"category"可以通过 Person 类访问,如例 7-4 第 13 行代码所示。类属性也可以被实例访问,在所有的实例化对象中类属性是被当作公共属性,即所有类的实例对象都可以调用该属性,如例 7-4 第 14~15 行代码所示。

综上所述,实例属性和类属性主要区别在于实例属性是各个实例自己拥有,互不干涉,而类属性是属于所有实例对象的。

7.2.3 类的方法

类的方法是定义类中一个具体的功能或行为,用来实现某些功能,可以看作类里面的函数。和类的属性一样,类的方法也可以进行更加细致的划分,具体可以分为三种类型:实例方法(Instance Methods)、类方法(Class Methods)和静态方法(Static Methods)(图7.3)。

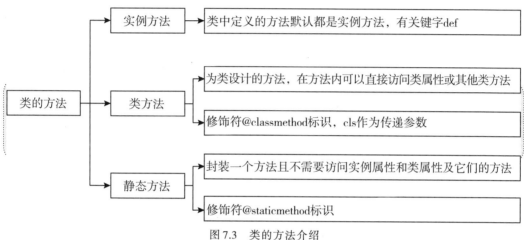

图7.3 类的方法介绍

7.2.3.1 实例方法

实例方法是与类的实例相关联的方法。通常情况下,在类中定义的方法默认都是实例方法。定义实例方法与定义函数基本相同,用关键字def定义,只是实例方法第一个参数是"self",也就是实例对象本身。实例方法的定义和调用如例7-5所示。

例7-5

```
#实例方法
class Person:
    #定义一个构造函数
    def __init__(self):
        self.name= 'zhangsan'
        self.gender = 'male'

    #定义一个introduce实例方法
    def introduce(self):
```

```
        info = '正在调用实例方法'
        return info


if __name__ == "__main__":
    person = Person()
    print(person.introduce())    # 通常使用类对象调用
    print(Person.introduce('zhangsan'))    #也能使用类名调用
```

结果如下:

```
正在调用实例方法
正在调用实例方法
```

调用实例方法通常使用实例对象调用。使用Person类的实例对象person调用实例方法时,则无须手动传递参数,方法会自动将调用该方法的实例对象作为self参数,然后通过该实例对象直接调用实例方法introduce()。当然,调用实例方法也可以使用类名调用。使用类名Person调用实例方法introduce(),类名调用实例方法时无法访问实例对象特有的属性和方法,因为没有实例对象存在,因此我们需要手动传递参数。

7.2.3.2 类方法

类方法是与整个类相关联的方法。类方法需要使用"@classmethod"修饰符进行标识。和实例方法相似,类方法最少也要包含一个参数,只不过类方法中通常将其命名为cls。类方法的定义和调用如例7-6所示。

例7-6

```
class Person:
    person_count = 0


    def __init__(self,name):
        self.name= name
        Person.person_count += 1


    @classmethod
    def show_count(cls):
```

```
        info  =  '实例的人数:%d'%cls.person_count
        return  info

if __name__ == "__main__":
    print(Person.show_count()) #推荐使用类名调用类方法
    person1=Person('Zhangsan')
    person2=Person('Lisi')
    print(person2.show_count())  #也可以使用实例对象调用(不推荐)
```

运行结果:

```
实例的人数:0
实例的人数:2
```

如果没有"@classmethod",则 Python 解释器会将 show_count()方法认定为实例方法,而不是类方法。在类方法中使用 cls 对类属性进行了访问,类方法可以使用。由于类方法传递的是类本身,因此推荐通过类本身(类名)来直接调用这些方法。当然,也可以使用实类对象调用类方法。

7.2.3.3 静态方法

静态方法与类的状态无关,通常用于执行与类相关的独立功能。在开发时,如果需要在类中封装一个方法不需要实例属性和类属性,以及它们的方法,这个方法就可以封装成一个静态方法。静态方法需要使用"@staticmethod"修饰。静态方法的定义和调用如例 7-7 所示。

例 7-7

```
#静态方法
class Person:
    def __init__(self):
        self.name= 'zhangsan'
        self.gender = 'male'

    #定义一个introduce静态方法
    @staticmethod
```

```
    def introduce():
        info = '正在调用静态方法'
        return info


if __name__ == "__main__":
    print(Person.introduce())# 使用类名调用静态方法
    person = Person()
    print(person.introduce())# 使用类对象调用静态方法
```

结果如下：

```
正在调用静态方法
正在调用静态方法
```

静态方法没有类似self、cls这样的特殊参数，因此Python解释器不会对它包含的参数做任何类或对象的绑定。由运行结果可知，静态方法的调用，既可以使用类名，也可以使用实例对象调用。

7.2.4 构造函数和析构函数

构造函数是类在进行实例化时调用的函数，主要用来完成初始化。与构造函数相反，析构函数用来释放内存空间时调用的函数。Python没有专用的构造函数和析构函数，但是经常用__init__()和__del__()分别来当作构造函数和析构函数，它们两个分别是用来完成初始化和删除的操作。

7.2.4.1 构造函数

构造函数用来完成创建对象时的初始化工作。每个对象都有构造函数，当用户没有创建这个函数时，编译器会设置一个默认的构造函数。

例7-8

```
class Person:
    def __init__(self,name,gender,age):  # 构造函数
        self.name=name
        self.gender = gender
```

```
        self.age=age
    def introduce(self):
        info = "my name is "+person.name +" and my age is "+person.age
        return info


if __name__ == "__main__":
    person = Person('zhangsan', 'male', str(20))
    print(person.introduce())
```

结果如下：

```
my name is zhangsan and my age is 20
```

由以上的示例（例7-8）可知其中的__init__()函数是一个构造函数，利用参数列表进行初始化对象属性。构造函数在 Python 的类中默认存在且无须用户调用。构造函数在程序运行创建实例时就被立刻运行。

7.2.4.2 析构函数

析构函数用来完成对象被销毁的时候释放内存的工作。当对象调用完成后，Python 会调用析构函数，删除对象。

例7-9

```
class object:
    def __init__(self):
        print("构造函数")
    def __del__(self):
        print("析构函数")


if __name__ == "__main__":
    ob = object()
    del ob
```

结果如下：

构造函数

析构函数

例7-9中的__del__()函数是一个析构函数。当我们完成对象的调用,可以删除对象。即使我们不删除对象,不调用第9行代码del(),Python解释器也会自动调用析构函数,释放被占有的资源。

7.3 对象

对象(Object)是类的具体实例。一个对象就是类的实例化结果,对象要实例之后才能调用,一个类可以实例为多个对象。上面创建的人类Person只是定义了一个抽象的类,完成类的实例化之后,才会创建一个具体的对象,所以对象是类的一个实例。

7.3.1 创建对象

在Python中,创建类的实例(对象)不需要像其他某些语言(如Java或C++)那样使用new关键字。相反,Python直接通过类名后跟圆括号(可选地包含传递给__init__方法的参数)来实例化对象。以下是一个基于Person类创建具体人对象的例子(例7-10)。

例7-10

```python
#创建对象
class Person:
    def __init__(self, name,gender, age):
        self.name = name
        self.gender=gender
        self.age = age


    def introduce(self):
        info = "Name: {},Gender: {},Age: {}".format(self.name,self.gender, self.age)
        return info


if __name__ == "__main__":
```

```
person1 = Person("xiaoming", "男", 22)
person2 = Person("xiaoxuan", "女", 20)
```

使用 Person 类名创建了姓名为 xiaoming、性别为男、年龄为 22 和姓名为 xiaoxuan、性别为女、年龄为 20 的两个具体的人。这里就用到方法 __init__()接收参数,使用外部的值来设置属性 name、gender 和 age。Python 自动返回实例并把它放到 person1 和 person2 中(其中的 Person 为类,而 person1 和 person2 为对象)。

7.3.2 访问对象

创建实例对象之后可以通过句点表示法来调用类中定义的所有方法。Person 类是一个抽象的概念,而实例是一个具体的 person,也就是具体的对象。虽然实例化创建了对象,但是我们想要访问这些对象,可以使用"实例.方法(实例)"来访问(例 7-11)。

例 7-11

```python
#访问对象
class Person:
    def __init__(self):
        self.name= 'zhangsan'
        self.gender = 'male'
    def introduce(self):
        return self.name


if __name__ == "__main__":
    person = Person()
    print(person.introduce())   # 通过实例对象调用方法
    print(Person.introduce(person))   # 通过类名直接调用方法
```

结果如下:

```
zhangsan
zhangsan
```

上述代码片段展示了如何从person类中定位并执行introduce()方法。接下来,我们通过使用"类名.方法()"的格式来调用类中定义的方法(例7-12)。

例7-12

```
#对象的使用
class Person:
    def __init__(self, name,gender, age):
        self.name = name
        self.gender=gender
        self.age = age
    def introduce(self):
        info = "Name: {}.Gender: {}.Age: {}".format(self.name,self.gender, self.age)
        return info


if __name__ == "__main__":
    person1 = Person("xiaozhang", "男", 22)
    print(person1.introduce())
```

结果如下:

```
Name:xiaozhang. Gender: 男 .Age:22
```

以上示例使用"类.方法(实例)"来访问我们创建的两个具体的对象,打印了其中的属性信息。无论是直接通过"类名.方法()"来调用,还是通过由类生成的实例.方法()来调用,方法都需要一个具体的目标来完成调用的操作。

7.4 总结

类是对象的模板,我们可以通过类的设计,来创建对象(类的实例)。一个类可以有多个对象的实例,每个对象都有自己的状态和行为,但它们都遵循类定义的属性和方法。事实上,Python中一切皆对象,因为Python中数据类型,函数、类、模块等都是对象,一切对象都继承自object类。此外,Python还是一种动态类型语言,虽然不用声明类型,但是每个对象都隐藏着一个固定的类型,而这个类型也是一个对象,可见Python的面向对象的封装技术更加彻底。

第8章 编程方法

本章学习目标：

● 了解面向对象和面向过程的编程思想

● 掌握面向对象的三大特点：封装、继承、多态

Python 是一门高级语言，它不仅可以采用基本的编程方法：面向过程的编程（Procedur Oriented Programming，简称 POP），还具有高级的编程方法：面向对象编程（Object Oriented Programming，简称 OOP）。本章节，我们将介绍这两种编程方法，学习面向过程和面向对象的编程思想，在此基础上学习面向对象的三个特征：封装、继承和多态，从而掌握高级的编程方法。

8.1 面向过程编程

面向过程编程是我们常用的编程方法。面向过程编程的思想相对来说很容易理解，它就是把我们要解决的问题一步一步地完成即可，对于一些问题不能一次性解决的，可以把大问题分解为许多小问题，再把这些小问题进一步分解到能够解决的处理过程也都是可以的。下面，我们举一个抽象的例子：将大象放进冰箱。可以分三步走：打开冰箱门，把大象放进冰箱，最后关闭冰箱门（例8-1）。

例8-1

```python
#面向过程-把大象放进冰箱
def opendoor():
    action = "把冰箱门打开"
    return action

def moveelephant():
    return "把大象放进冰箱"

def closedoor():
    return "把冰箱门关闭"
```

```
if __name__ == "__main__":
    print(opendoor())
    print(moveelephant())
    print(closedoor())
```

结果如下:

```
把冰箱门打开
把大象放进冰箱
把冰箱门关闭
```

通过以上代码就可以实现把大象装进冰箱。可见,面向过程编程很像是采用一套生产的流水线或者流程来解决一个问题,是一种机械式的思维方式,这正好符合计算机的运行原理。面向过程编程的优点是将复杂的问题流程化,进而简单化;其缺点是程序的可扩展性差。比如我们修改了流程中一个模块的逻辑,那么依赖其结果才能正常执行的其他模块也需要修改,这就造成了连锁反应,而且这一问题会随着程序规模的增大而变得越发糟糕。如何解决程序的可扩展性差的问题,需要我们学习面向对象的编程方法。

接下来,我们再举一个具体的例子。使用面向过程的方法计算长方体体积。长方体体积的计算,可以通过底面积与高度乘积得到;底面积可以通过长和宽的乘积得到,因此,我们分别定义 2 个功能函数:面积计算函数和体积计算函数(例 8-2)。

例 8-2

```
#面向过程-计算长方体体积
def cal_area():
    area = l * w
    return area
def cal_volume():
    volume = cal_area() * h
    return volume


if __name__ == "__main__":
    l = float(input("输入长方体长度:"))
```

```
    w = float(input("输入长方体宽度:"))
    h = float(input("输入长方体高度:"))
    print(cal_volume())
```

结果如下:

```
输入长方体长度:4
输入长方体宽度:1
输入长方体高度:7
28.0
```

通过面向过程的方法我们计算出了长方体的体积,但是当有类似的任务,如计算一个与以上长方体等底等高的四棱锥的体积时,我们就需要重新编写代码,这就要做很多的重复工作,接下来的面向对象编程将轻松完成这个任务。

8.2 面向对象编程

面向对象编程是通过类和对象来尽可能实现现实世界、解决现实世界中的问题,其核心是对象,建立对象不是为了完成某一特定的步骤,而是为了描叙某个事物在整个解决问题的步骤中的行为。由于面向过程编程存在缺点,比如例8-1中,将大象装进冰箱分为三步,这是在冰箱门关闭的前提下分为三步,但如果冰箱门本来就是开着的,那么我们这三步都要修改,为了解决这个问题,下面对面向对象编程进行讲解,并用面向对象编程来解决这个问题。

面向对象的开发的流程如下:创建一个object类,这个类可以作为很多事物的父类,可以加很多的属性或方法,案例8-3中object类添加了一个move的方法;创建一个冰箱类,设置冰箱大小,打开及关闭冰箱的方法;创建一个大象类,里面有描述移动大象的函数;新建一个冰箱对象,调用函数开门,再新建一个大象,再调用移动函数,最后关闭冰箱。

例8-3

```
#面向对象-把大象放进冰箱
class object():
    size = 0
    weight = 0
```

```python
    def move(self):
        return


class Fridge(object):
    def set_size(self,size,weight):
        self.size = size
        self.weight = weight
    def opendoor(self):
        return "把冰箱门打开"
    def closedoor(self):
        return "把冰箱门关闭"


class Elephant(object):

    def __init__(self,age,weight):
        self.age=age
        self.weight=weight
    def move(self):
        return "移动大象"

if __name__ == "__main__":
    f = Fridge()
    print(f.opendoor())
    e = Elephant(10,130)
    print(e.move())
    print(f.closedoor())
```

结果如下：

```
把冰箱门打开
移动大象
把冰箱门关闭
```

面向对象的开发的流程就如以上的示例所示，在大型的项目中能够更加明显，这里只是通过一个抽象的例子来展示面向对象的技术。总之，面向对象编程不是一种特定的语言或者工具，而是一种设计方法、设计思想。

上面的计算长方体体积的例子只适合于计算特定的几何形状，如果计算其他类似的几何形状，都需要重新写一遍代码。如果采用面向对象的方法，首先设计一个shape类模板，然后在此基础上，可以实现多种几何体的体积计算，会让我们的代码工作更加经济实惠。

例8-4

```python
class Shape():
    length = 0
    width = 0
    height = 0
    def __init__(self,length,width,height):
        self.length = length
        self.width = width
        self.height = height
    def cal_volume(self):
        return "计算体积"


class Cuboid(Shape):

    def __init__(self,length,width,height):
        Shape.__init__(self,length,width,height)


    def cal_volume(self):
        volume = "长方体体积是:{} ".format(self.length * self.width * self.height)
        return volume


class Pysamid(Cuboid):

    def __init__(self,length,width,height):
        Cuboid.__init__(self,length,width,height)
```

```
def cal_volume(self):
    volume = "四棱锥体积是:{} ".format((self.length * self.width * self. height)/3)
    return volume


if __name__ == "__main__":
    l = float(input("输入长度:"))
    w = float(input("输入宽度:"))
    h = float(input("输入高度:"))
    c = Cuboid(l,w,h)
    print(c.cal_volume())
    p = Pysamid(l,w,h)
    print(p.cal_volume())
```

结果如下:

```
输入长度:3
输入宽度:3
输入高度:6
长方体体积是:54.0
四棱锥体积是:18.0
```

仔细观察以上示例8-4,可以发现其中包含面向对象的三大特点。以上的示例把几何形状的一些属性和计算体积的方法封装到一个Shape类模板中,这在面向对象中就是很常见的封装操作;长方体类和四棱锥类分别继承了它们各自父类的属性,如length、width、height;模板类Shape中有一个计算体积的方法,长方体类和四棱锥类都重写了这个计算体积的方法,并且得到的结果是不同的,这就体现了多态的特点。接下来,我们将学习面向对象编程的三大特点:封装、继承、多态。

8.3 面向对象编程的特点

Python 是面向对象的语言,也支持面向对象编程的三大特性:封装、继承、多态。封装:使用私有属性和私有方法把细节隐藏起来,提高代码的可维护性;继承:子类继承父类,提高代码的复用率,减少冗余代码出现;多态,子类继承父类后,由于子类的需求重写父类的方法,在不同对象上表现不一样。

8.3.1 封装

封装(Encapsulation)把我们的数据和不想被访问的代码一起藏起来,使其不受外界的干扰。封装技术将具体的对象变为抽象,对我们所创建的类的属性或方法其中一个或两个进行隐藏,隐藏编写人员不希望被代码访问到的属性或方法,在程序外部看不到,其含义外部也无法调用。虽然它们被藏起来了,同样可以创建我们想要创建的对象并调用,一个对象具有数据和对这些数据进行相关操作的代码。

8.3.1.1 私有化

要了解封装就要谈到"私有化",就是将类中的某些属性或者方法限制在某个区域之内,外部无法调用。Python没有直接私有化的方式,一般情况下对象的属性和方法都是公有的,在形式上如果属性或方法的名字是以两个下划线开始就表示的是私有的,没有下划线开始的表示的是公有的。如果有必要让某些属性或方法变成私有的,即不希望被外部访问到,只需要在其前面添加双下画线即可。私有属性或方法可以通过"对象名.类名__私有成员名"的形式来访问,不能不通过类而直接访问(例8-5)。

例8-5

```
#私有化
class Person:
    def __init__(self,name,age):
        self.name= name
        self.__age = age#私有属性
    def introduce(self):
        info = "Name: {},Age: {}".format(self.name, self.__age)
        return info
    def __say(self):
        info = '我的名字是%s,年龄是%s' % (self.name, self.__age)
        return info

if __name__ == "__main__":
    person1 = Person('zhangsan', 10)
    print(person1.introduce())
    print(person1.__age)
    print(person1.__say())
```

结果如下：

```
Name: zhangsan.Age: 10
Traceback (most recent call last):
File "D:/Data /例 8-5.py", line 15, in <module>
    print(person1.__age)
AttributeError: 'Person' object has no attribute '__age'
```

可见当尝试直接访问私有属性（如 __age）和私有方法（如 __say）时，会触发错误，因为它们的访问权限被限制在类的内部。相反，公有属性（如 name）和公有方法（如 show）是可以从类的外部直接访问。然而，值得注意的是，即使在类的外部不能直接访问私有成员，它们仍然可以在类的方法内部被正常访问和使用（例 8-6）。

例 8-6

```python
#访问私有属性或方法
class Person:
    def __init__(self,name,age):
        self.name= name
        self.__age = age
    def introduce(self):
        return person1.__age
    def __say(self):
        info = '我的名字是%s,年龄是%s' % (self.name, self.__age)
        return info
    def run(self):
        info=self.__say()#方法中调用私有方法:self.__方法名
        return info


if __name__ == "__main__":
    person1 = Person('zhangsan', 10)
    print(person1.introduce())
    print(person1.run())
```

结果如下：

> 10
>
> 我的名字是 zhangsan，年龄是 10

由此可见，我们所创建对象的内部某一些数据和某一些代码可以设置为私有的，不能被外部访问到，在保护对象的内部数据可以根据数据的重要性给出不同的保护等级，使用这样的模式，可以有效地防止私有的部分被错误地调用或被意外地改变。

8.3.1.2　私有化方法和规则

在 Python 中，实现私有化的方法和规则相对简单，在需要私有化的属性（包括方法和属性）前加下划线即可。这种命名约定表示该属性或方法是类的私有成员，不应该被外部代码直接访问。接下来，我们创建一个名为 Person 的类，其中包含一些私有属性，如姓名、年龄和地址，并通过私有化来保护这些属性和方法（例 8-7）。

例 8-7

```
1.#私有化(封装)方法
2.class Person:
3.    name = 'zhangsan'
4.    __score=100 #前面加了两个下划线
5.    _height=130 #前面加了一个下划线
6.    def __init__(self):
7.        self.__age=10
8.        self.class_ = 1   #区分关键字 class
9.    def __introduce(self):
10.       age = self.__age  #类中访问私有属性
11.       return age
12.   def run(self):
13.       info = self.__introduce()#类中访问私有方法
14.       return info
15.if __name__ == "__main__":
16.    person = Person()
17.    print(person._Person__introduce())
18.    print(person._Person__score)
19.    print(person._Person__age)
```

运行结果：

```
10
100
10
```

以上把一个人的属性和方法封装起来，只有通过特殊的方式才能访问。在以上代码最后加上一行：

```
print(dir(person))
```

运行结果：

```
['_Person__age', '_Person__score', '_Person__show', '__class__', '__delattr__',
'__dict__', '__dir__', '__doc__', '__eq__', '__format__', '__ge__', '__getattrib-
ute__', '__gt__', '__hash__', '__init__', '__init_subclass__', '__le__', '__lt__',
'__module__', '__ne__', '__new__', '__reduce__', '__reduce_ex__', '__repr__',
'__setattr__', '__sizeof__', '__str__', '__subclasshook__', '__weakref__', '_height',
'class_', 'name', 'print_func', 'run']
```

提示：

通过内建函数 dir() 可以看到，双下划线前缀的属性名在运行时被改为了"_Person__属性名"，例如"__score"变成了"_Person__score"。然而，前面加了一个下划线的属性"_height"保持不变。

在 Python 中，没有像 public、private 这样的修饰词来限制访问权限，因此通过特定的命名规则来实现访问控制。这些命名规则帮助开发者区分哪些属性和方法应当被视为公有的，哪些则应被视为私有的。以下是几种常见的命名规则：

（1）公有属性和方法：没有双下划线前缀的属性和方法默认是公有的，可以在类的外部直接访问。例如，"name"属性可以随意调用。

（2）私有属性和方法：带有双下划线前缀的属性和方法被认为是私有的，不能在类的外部直接访问，可以通过特定的方法来访问它们。例如，可以通过拼接类名和属性名或方法名来访问私有的"__age"属性。

（3）保护属性和方法：带有单下划线前缀的属性和方法被是受保护的，这意味着它们只能在类的内部或子类中使用。例如，"_height"虽然可以访问，但不建议随意访问。

（4）避免命名冲突：后面加一个下划线的属性或方法，用于避免与Python关键字冲突。例如，我们使用下划线作为前缀来避免"class_"属性与关键字"class"冲突。

（5）特有属性或方法：前后都有两个下划线的属性或方法，表示其为特有的公有属性或方法，例如，构造函数__init__()就是一个特有方法，它在创建类的实例时自动调用。它用于初始化对象的属性。当我们创建一个类的实例时，Python会自动调用这个方法来设置对象的初始状态。

由此可见，在Python的面向对象编程中，封装特性是通过使用双下划线（__）前缀来实现的。通过封装，私有的属性和方法只能通过类内部的方法进行访问和修改，从而确保了数据的完整性和安全性。

8.3.2 继承

继承（Inheritance）指的是类与类之间的关系。例如，我们每个人有不同的角色，其中有管理者、员工等，可以称为人类的子类（Subclass），人类则是这些子类的父类或超类（Superclass）。我们所创建的类可以派生出新的子类，所创建的类称为父类，派生出来的称为子类，父类里面所定义的属性和方法可以自动被子类继承，通过这样的继承机制，可以很轻松地实现类的重复使用，减少直接复制代码的操作。

8.3.2.1 继承的语法

子类继承父类是在定义子类时，将多个父类放在子类之后的圆括号内，如果定义类时，未指定这个类的直接父类，则默认继承object类。

```
#语法格式
#有指定父类
class 子类(父类1,父类2,...)
#无指定父类,默认object
class 子类(object)
```

在面向对象的设计中，如果两个类之间存在"是一个"（is-a）的关系，那么它们之间可以使用继承。例如，Employee（员工）是一个Person（人），所以Employee可以继承Person。通过继承，Employee类可以重用Person类中的属性和方法，并且添加或修改特定的属性和方法来适应其作为员工的角色。然而，Eye类继承Person类则不符合逻辑。眼睛（Eye）是人类身体的一部分，而不是一个完整的人。眼睛具有自己的属性和功能（如看到东西），但这些属性和功能与一个人的整体属性和功能是不同的。将Eye视为Person的子类会导致逻辑上的混淆和代码上的不合理。由此可见，继承应该基于合理的逻辑和层次结构,确保子类确实是父类的一个特殊化或更具体的版本。

8.3.2.2 单继承

事实上,大部分面向对象的编程语言,都只支持单继承,即子类有且只能有一个父类。如下的示例,Student类继承Person类的属性,并添加了其他的属性,而且复写了父类的方法(例8-8)。

例8-8

```python
#人类
class Person:
    def __init__(self,name,age):
        self._name=name
        self._age=age

    def introduce1(self):
        info = '我的名字是%s,我的年龄是%s'%(self._name,self._age)
        return info
#单继承-学生类
class Student(Person):

    def __init__(self,name,age,grade,course):
        Person.__init__(self,name,age)#调用父类的属性
        self._grade = grade
        self.course =course

    def introduce2(self):
        info = '我的年级是%s,我的专业是%s'%(self._grade,self.course)
        return info

if __name__ == "__main__":
    stu=Student("LiSi","20","freshman","GIS")
    print(stu.introduce1())
    print(stu.introduce2())
```

结果如下：

> 我的名字是 LiSi,我的年龄是 20
>
> 我的年级是 freshman,我的专业是 GIS

以上的示例可知 Student 类继承来自父类 Person,添加了其他的属性等其他操作,这样的形式就是只有一个父类的单继承。

8.3.2.3 多继承

Python 支持多继承,继承在面向对象编程过程中非常重要,通过继承,子类就可以继承和扩展父类的属性和方法,减少代码的量。和 C++一样,在 Python 中一个类能继承自不止一个父类,这叫 Python 的多重继承(例 8-9)。

例 8-9

```python
#人类
class Person:
    def __init__(self,name,age):
        self._name=name
        self._age=age
    def introduce(self):
        info = '我的名字是%s,我的年龄是%s'%(self._name,self._age)
        return info
#专业类
class Major:
    def __init__(self,course,score):
        self._course = course
        self._score = score
    def introduce(self):
        info = '专业课有%s'%(self._course)
        return info
#多继承-学生类
class Student(Major,Person):

    def __init__(self,name,age,course,score):
```

```
        Person.__init__(self, name, age)
        Major.__init__(self,course,score)
    def introduce(self):
        info = '我的名字是%s,年龄是%s,上课课名是%s,分数为%s'%(self._name,
self._age,self._course,self._score)
        return info


if __name__ == "__main__":
    stu =Student('wangwu',21,'GIS技能应用',100)
    print(stu.introduce())
```

结果如下：

```
我的名字是wangwu,年龄是21,上课课名是GIS技能应用,分数为100
```

以上代码中的最后一个Student类有两个父类Person类和Major类，由输出结果可知子类Student可以继承多个父类的属性和方法。

小提示：需要注意的是子类的圆括号中父类的顺序，若是父类中有相同的方法名，而在子类使用时未指定，Python从左至右搜索，即方法在子类中未找到时，从左到右查找父类中是否包含方法，然后执行。

8.3.3 多态

多态（Polymorphism）意思是"有多种形式或结果"。在一个父类中创建的方法，如果子类需要用到，即需要继承，但是功能不一样，表示需要重写这个方法，这里就体现了多态（例8-10）。

例8-10

```
# 多态
class Person:
    def __init__(self,name,age):
        self._name=name
        self._age=age
```

```
    def introduce(self):
        info = '我的名字是%s,年龄是%s'%(self._name,self._age)
        return info
#学生类
class Student(Person):
    def __init__(self,name,age,grade,major):
        Person.__init__(self, name, age) #继承父类的属性
        self._grade = grade
        self._major = major
    def introduce(self):
        info = '我的年级是%s,专业是%s'%(self._grade,self._major)
        return info


if __name__ == "__main__":
    p = Person('张三', '22')
    print(p.introduce())
    stu = Student('wangwu','21','大三','GIS')
    print(stu.introduce())
```

结果如下：

```
我的名字是张三,年龄是22
我的年级是大三,专业是GIS
```

多态的存在有两个必要条件：继承、方法重写，上例中 Person 类的方法 introduce 被子类 Student 重写了，调用运行 Student 子类中的方法时得到不同的结果，这样的表现就是多态。

8.4 总结

Python 是一种面向对象编程的高级语言。面向对象编程是在面向过程编程的基础上发展来的，它比面向过程编程具有更强的灵活性和扩展性。面向过程编程注重的是过程，面对一项任务，面向过程会把这项任务进行拆分子任务，然后按照顺序一个个完成这

些拆分的子任务。而面向对象编程则不是这样,它首先需要把事物抽象成对象,然后让每个对象完成自己该做的任务,从而来完成总的任务。面向对象编程本质上是一种封装代码的方法。面向对象编程是编程中的高级阶段,很多初学者会"知难而退",其实封装的思想正是Python编程的魅力所在,我们应该"知难而进"。

第9章　模块组织

Python的流行主要在于其拥有丰富的功能强大,简单易用的模块。这些功能多样的模块是将相关代码组织在一起去实现一个或多个特定功能,需要的时候就可以导入这些模块。正是这种模块化的组织方式使Python开发像搭积木一样,借助不同的积木(模块),打造出丰富多彩的造型(应用项目)。要想深入了解Python语言,我们不仅需要掌握其基本的编程方法,还应该了解其组织方法。本章节,我们将学习Python模块化组织的方法,以及如何调用模块和包。

9.1 代码粒度

"粒度(Granularity)"的本义是指颗粒的大小,用来描述自然界中矿粒的平均大小。"粒度"这个概念还可以用在其他方面,描述粗细和精度的程度。例如用"粗粒度"、"细粒度"来描述数据的粒度,越明细的数据越体现细节特征,越粗放的数据越体现宏观特征。对于Python语言,程序代码也有细致程度的区别。我们根据代码能完成的任务的精细程度逐步划分,任务越细,粒度就越细。粗粒度往往实现一个更大更复杂的功能;细粒度则往往完成一个局部功能,或者更细节的流程。反过来看,在编写代码时,从简单到复杂:用语句组成语句块;按照不同的代码功能,封装成函数;将静态的属性和动态的方法进一步封装成类;将代码、函数和类组合起来构成一个模块;几个模块又可以组成包,功能越来越强大。熟悉Python语言不同的粒度,有利于我们编写出更好的代码,实现更加复杂的功能(图9.1)。

图9.1 程序代码的粒度

9.2 模块的定义

模块(Module)可以包含可执行代码、函数和类,是能处理某种功能的集合。我们编写的一个 .py 文件,里面包含一些规模较小的代码,就可以称为一个模块。为了方便管理而将 .py 文件进行打包。在比较大规模的任务一般需要用到大量的模块,此时我们可以使用包(Package)来管理这些模块。我们平时下载的第三方包,如csv、numpy也就是包的组织方式。可见,包是在模块之上的概念。其实,模块和包都体现了Python的模块化编程方法。具有强大的模块和第三方包,这是Python的一大特色。

9.2.1 第三方模块

第三方模块就是具有特定的功能,别人写好的模块。一般来说第三方模块需要我们下载,前边已经介绍了如何下载,在这儿我们将介绍如何导入第三方模块(例 9-1)。

例9-1

```
import numpy      #导入numpy模块
print(numpy.__version__)     # 输出numpy版本
arr10 = numpy.arange(10)      # 创建一个数组
print(arr10)
```

结果如下:

```
1.21.6
[0 1 2 3 4 5 6 7 8 9]
```

上面代码示范了第三方模块numpy的导入及使用,可以看出,第三方模块的导入及使用非常简便。

9.2.2 自定义模块

以在 Python 中,以 .py 为后缀的文件通常被视为模块。图 9.2 展示了一个自定义模块,用于处理经纬度相关的转换。这个模块包含了两个函数:dms()和 LatLong()。

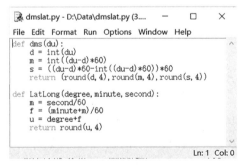

图9.2 A1.py中的函数

9.3 模块的调用

无论是第三方的模块,还是用户自定义的模块,我们要使用它,就需要将模块导入。模块中封装了很多的功能和函数,在调用时,可以根据使用需求,导入全部或者部分功能。

9.3.1 导入全部函数

导入模块,以及全部函数,导入后可调用模块中的所有函数。最常用的方式:"import 模块名"的方式导入模块,以及全部函数,导入后可采用"模块名.函数名"的方式调用模块中的函数(例9-2)。

例9-2

```
import dmslat
print(dmslat.dms(116.542))
print(dmslat.LatLong(116,34,34))
```

结果如下:

```
(116, 32, 31.2)
116.5761
```

有些模块的名字比较长,不好操作,将它进行一个临时的重命名,简化模块的调用。使用"import模块名 as模块别名"的方式为模块起一个别名。通过模块重命名的方式导入模块,以及全部函数,导入后可采用"模块名.函数名",或者"模块别名.函数名"的方式调用模块中的函数(例9-3)。

例9-3

```
import dmslat as d
print(d.dms(116.542))
print(d.LatLong(116,34,34))
```

结果如下：

```
(116, 32, 31.2)
116.5761
```

采用"from 模块名 import *"的方式同样是导入模块及模块中的全部函数，导入后可直接调用模块中的函数，不需要使用"模块名.函数名"的方式调用函数，更加便捷（例9-4）。

例9-4

```
from dmslat import *
print(dms(116.542))
print(LatLong(116,34,34))
```

结果如下：

```
(116, 32, 31.2)
116.5761
```

9.3.2 导入部分函数

导入模块全部函数的方式，容易出现重名函数及可读性差，因此不推荐。最好的方法是需要哪部分具体的功能就只将该部分功能导入，而非全部导入。采用"from 模块名 import 函数名"的方法，可以导入一个或多个函数，导入后直接调用函数即可（例9-5）。

例9-5

```
from dmslat import dms
print(dms(116.542))
```

结果如下：

```
(116, 32, 31.2)
```

与模块重命名一样,我们可以给模块中的函数进行临时重命名,格式为"from 模块名 import 函数 as 函数别名"(例9-6)。

例9-6

```
from dmslat import dms as d
print(d(116.542))
```

结果如下:

```
(116, 32, 31.2)
```

9.4 包的组织和调用

包是在模块上一层的概念,主要是为了方便管理将多个模块进行打包。包在我们进行编写代码的过程中不可或缺,所以我们需要学习怎样使用它们,接下来我们将学习包的结构和调用。

9.4.1 包的结构

包是一个文件夹,将相关的模块进行打包发在文件夹里面,其结构如下:

```
package_directory
├── __init__.py
├── module1_name.py
└── module2_name.py
└── ….py
```

包目录下第一个文件便是__init__.py,然后是一些模块文件和子目录等(图9.3)。文件夹里没有__init__.py文件,则不会被识别为包,只会被识别为一个目录。可见,本质上,包就是里面装了一个__init__.py文件的文件夹。如果子目录中也有 __init__.py,那么它就是这个包的子包了。

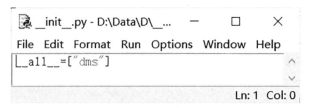

名称	类型	大小
__pycache__	文件夹	
__init__.py	Python File	1 KB
dms.py	Python File	1 KB
LatLong.py	Python File	1 KB

图9.3 包的目录结构

9.4.2 __init__.py

导入包时,执行__init__.py文件,实现包的初始化或设置__all__变量,所以如果没有这个文件,则无法进行包的导入(例9-7)。__all__变量控制导入模块的范围,也就是指定导入需要的模块。__all__变量是编写在__init__.py文件中的,它的作用是指定用"import *"导入所有模块的范围(图9.4)。

```
__init__.py - D:\Data\D\_...   —   □   ×
File  Edit  Format  Run  Options  Window  Help
__a11__=["dms"]
                                              Ln: 1  Col: 0
```

图9.4 __all__变量

例9-7

```
from  D  import  *
print(dms.dms(116.542))
print(LatLong.LatLong(116,34,34))
```

结果如下:

```
116°32'31.2
Traceback  (most  recent  call  last):
    File "D:/Data/A11代码/例1-7 init.py", line 3, in <module>
        LatLong.LatLong(116,34,34)
NameError: name 'LatLong' is not defined
```

设置__all__变量可以导入需要的模块,即此时"*"代表的内容就不是所有模块了,而是__all__中所定义的一个或多个模块(图9.5)。

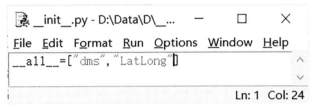

图9.5 __all__变量

结果如下:

```
(116, 32, 31.2)
116.5761
```

9.4.3 包的调用

导入包的方法和导入模块比较类似,只不过由于层级比一般模块多了一级,所以多了一条导入形式。常用基础包和第三方包导入方式如下:

```
#导入包中的模块
方式1:import包名.模块名

#导入包中的模块,给模块重命名
方式2:import 包名.模块名as模块别名
```

采用"from 包名 import 模块名"的方式导入包中的模块(例9-8)。

例9-8

```
from  D  import  dms
print(dms.dms(116.542))
```

结果如下:

```
(116, 32, 31.2)
```

还可以采用"from 包名.模块名 import 函数名"的方式导入(例9-9)。

例9-9

```
from D.dms import dms
print(dms(116.542))
```

结果如下:

```
(116, 32, 31.2)
```

9.5 路径问题

在调用模块或包时,会出现路径问题。通常下载的第三方包存储在 Python 编译器默认的路径(Python 安装目录下的 lib\site-packages 文件夹),调用的时候,直接导入即可。由于 import 的路径只是编译器默认的路径,因此用户指定的路径,需要添加进搜索路径(例9-10)。

例9-10

```
import sys
sys.path.append(r'D:/Data/A09')
from D import dms
print(dms.dms(116.542))
```

运行结果:

```
(116, 32, 31.2)
```

Python 自带的 sys 模块提供了与 Python 解释器交互的接口,用于操控 Python 的运行环境,例如获取 Python 的环境变量,添加想要搜索文件的路径。使用"sys.path.append()"语句将路径添加后,再进行导入,就可以很好地解决路径问题。

9.6 总结

Python模块化编程的优势显著:(1)在一个模块构建完成后,可以反复使用,实现代码的重复利用;(2)模块化编程也提升了代码的可维护性及调用的灵活性,极大减轻了我们在程序开发中的任务量;(3)利用这种模块化编程的模式可以将一个任务分解成很多小任务,从而实现团队协同合作,快速完成大规模程序开发。

第10章 文件对象和异常处理

本章学习目标：

● 了解文件对象

● 掌握Python文件的打开和关闭

● 掌握在文件中读和写的操作

● 掌握文件的逐行读写

● 熟悉异常处理的方法

在实际研究过程中，无论是一些原生数据，还是通过运行我们编写的程序生成的数据，它的数据量可能很庞大，我们通常都会将这些数据存储在文件中，便于查看或进行后续操作，那么此时就涉及文件的一些相关操作。在Python中，文件操作是把文件封装为文件对象，然后基于文件对象对文件内容进行读写等操作。如同我们从抽屉里面取物件的步骤：打开抽屉，取放物件，关闭抽屉，常规的文件处理流程是：打开文件，文件处理，关闭文件。本章将介绍文件对象、打开和关闭文件的方法、读写方法，以及异常处理的方法。

10.1 打开和关闭文件

首先，我们来看打开文件。Python通过open()函数来访问存储于磁盘中的文件，构建对应的文件对象后，再使用它所提供的方法来实现文件的读取和写入。open()函数提供了文件输入和文件输出操作的接口，使用open()函数成功打开文件后会返回一个文件对象，打开失败则会抛出异常IOError。

10.1.1 Open()函数

open()函数包括诸多参数，例如fileName、mode、buffering、encoding、errors。除了fileName，其他参数都有默认值，接下来，我们介绍三个主要的参数：

（1）fileName：需要打开的文件的名称。

（2）mode：文件的打开模式。

（3）encoding：文件的编码方式，默认为UTF-8。

文本文件是常见的一种文件类型。文本文件中除了存储文件有效字符信息外，不能存储其他任何信息,因此标准 ASCII 码文本文件不能存储声音、动画、图像、视频等信息。我们准备了两个文本文件。一个是诗歌文件(图 10.1),另一个是点云文件(图 10.2)。诗歌文件里面有一首李白的诗。

图 10.1　诗歌文件

点云文件存贮了三维的空间坐标信息,每个点的"X,Y,Z"坐标信息存为一行。

图 10.2　点云文件

10.1.2　打开方式

在进行数据处理之前,我们需要使用 Open()函数打开文件。打开文件的方式有多种,下面将介绍两种常见的文件打开方式:普通方式和特殊方式(带异常处理机制方式)。

10.1.2.1　普通方式

采用普通的方式打开文件:我们打开 point 文档,用 for 循环读取文档中的每一行数据,然后再关闭文档(例 10-1)。

例 10-1

```
f =open('D:/Data/A10/point.txt','r',encoding='UTF-8')
for line in f:
    print(line)
f.close()
```

结果如下：

```
1300485.3100,750486.7100,975.4000
1300492.7500,750471.2700,972.8400
……
```

当利用 for 循环读取文件内容时，Python 并不会删除行结束符，所以我们可以使用 strip() 函数去掉换行符（例 10-2）。

例 10-2

```
f = open('D:/Data/A10/point.txt','r',encoding='UTF-8')
for line in f:
    print(line.strip())
f.close()
```

结果如下：

```
1300485.3100,750486.7100,975.4000
1300492.7500,750471.2700,972.8400
……
```

使用 for 循环遍历文件每一行，并使用 strip() 去除换行符。

10.1.2.2 特殊方式

普通的方式打开文件后需要关闭文件，这种方法不需要关闭文件（例 10-3）。

例 10-3

```
with open('D:/Data/A10/filename') as f:
    print("打开文件")
```

结果如下：

打开文件

这种方法就是在普通方法的基础上加一个异常处理机制,这个异常处理机制可以确保在文件出错时也可以正常关闭。其实,在打开文件的过程中,随时都可能出现异常(例10-4)。

例10-4

```
file =open('D:/Data/A10/myfile.txt')
```

结果如下：

```
Traceback (most recent call last):
  File "D:/Data/A10/例10-4.py", line 1, in <module>
    file =open('D:/Data/A10/myfile.txt ')
FileNotFoundError: [Errno 2] No such file or directory: 'D:/Data/A10/myfile.txt '
```

以上打开了一个不存在的文件,就会报错,出现了FileNotFoundError的异常。在下面的章节,我们将会介绍异常处理。

10.1.3 文件名称

在 Python 中,open()函数的第一个参数 fileName(有时也被称为 file 或 path)是用来指定要打开文件的名称或路径的。事实上,文件名称由很多部分组成:盘符号+目录+文件主名+扩展名。因此,fileName 参数不仅包括我们通常说的文件的名称(文件主名+扩展名),还包括文件的路径(盘符号+目录),盘符号就是计算机上的磁盘分区,目录是指具体的文件夹(图 10.3)。

图 10.3 文件名称组成

10.1.3.1 相对路径

相对路径是当前代码文件所在的路径与用户需要打开的文件的路径关系。当代码文件与用户需要打开的文件在同一个文件夹下，我们可以直接写入文件的名称；反之，我们需要利用相对路径来指定需要打开文件的位置。

> #情况1：代码文件与用户需要打开的文件在同一个文件夹下
>
> f = open('poem.txt')
>
> #情况2：不在当前文件路径下的文档路径
>
> f = open('..\poem.txt')

相对路径中，.\表示当前所在目录，..\ 表示当前所在目录的父目录，例如，当前我们的操作路径为 D:/Data/A07，文件 poem.txt 就位于这个 A07 文件夹下，则 poem.txt 的相对路径表示为".\poem.txt"（其中.\就表示当前所在目录）。

10.1.3.2 绝对路径

绝对路径是完整地描述用户所需要输入打开文件位置的路径。利用绝对路径我们不需要区分位置，可以直接用绝对路径来写入。无论代码文件与用户打开的文件在不在同一个文件下，我们都可以利用绝对路径来指定需要打开文件的位置。

绝对路径的书写需要填写完整路径名。由于续行符和文件路径的符号是一样的，为了正确识别路径，需要进行一些调整，因此我们在路径表达时需要对其做一个区别：在路径前添加转义字符 r，将'\'改为'/'，或者将'\'改为'\\'。Python 部分转义字符及含义如表10.1所示。

> #方式1：在路径前添加转义字符 r
>
> f = open(r'D:\Data\A10\poem.txt')
>
> #方式2：将'\'改为'\\'，避免与转义字符发生冲突。
>
> f = open('D:\\Data\\A10\\poem.txt')
>
> #方式3：将'\'改为'/'，，避免与转义字符发生冲突。
>
> f = open('D:/Data/A10/poem.txt')

☞小提示：文件路径要严格按照格式写，否则会无法读取导致报错。

表 10.1 Python 部分转义字符及含义表

转义字符	含义
\	续行符
\\	反斜杠符号

续表

转义字符	含义
\n	换行
\r	回车
\f	换页

10.1.4　打开模式

文件的打开模式有很多(表10.2),根据我们的需求选择合适的模式打开文件。

表10.2　文件打开的常见模式

操作	解释
r	默认模式:以只读方式打开文件,从文件的开头读取
rb	以二进制格式打开一个文件用于只读,从文件的开头读取
r+	打开一个文件用于读写,文件指针在文件的开头
rb+	以二进制格式打开一个文件用于读写,文件指针在文件的开头
w	打开一个文件只用于写入,如果该文件不存在,创建新文件;如果该文件已存在则打开文件,并从开头开始编辑,即原有内容会被删除
a	打开一个文件用于追加,如果该文件已存在,文件指针将会放在文件的结尾,也就是说新的内容将会被写入已有内容之后
a+	打开一个文件用于读写,如果文件已存在,文件指针将会放在文件的结尾。文件打开时是一个追加模式,如果该文件不存在,创建新文件用于读写

文本文件与二进制文件在编码层次上有差异。文本文件是基于字符编码的文件,常见的编码有 ASCII、Unicode、UTF-8、GBK 等,我们可以通过写字板或者记事本等软件打开文本文件,查看其内容。二进制文件是基于值编码的文件,信息用二进制表示。

10.1.5　编码方式

Python IDE 一般默认采用"GBK"方式打开文本,因此我们处理文件的时候会经常碰到编码报错的问题(例10-5)。

例 10-5

```
f =open('D:/Data/A10/poem.txt','r')
for line in f:
    print(line)
f.close()
```

结果如下：

```
Traceback (most recent call last):
  File "D:/Data/A10/例10-10.py", line 2, in <module>
    for line in f:
UnicodeDecodeError: 'gbk' codec can't decode byte 0x89 in position 14: illegal
multibyte sequence
```

读取文件时,如果其中含有中文字符,需要指定编码方式。UTF-8编码是常见的编码方式,用1~6个字节来表示各种字符,常用的英文字母被编码成1个字节,汉字通常是3个字节。我们可以用记事本打开文本文件,查看状态栏,显示编码方式,并在打开文件时,指定编码方式(例10-6)。

例10-6

```
f =open('D:/Data/A10/poem.txt','r',encoding='UTF-8')
for line in f:
    print(line)
f.close()
```

结果如下：

```
床前明月光

疑是地上霜

举头望明月

低头思故乡
```

10.2 读和写操作

文件读写操作是通过f.read和f.write写入数据。文件读写的主要机制可以理解为通过指针来访问或修改内存地址空间中的内容。在计算机科学中,指针(Pointer)是编程语言中的一个对象,利用地址,它的值直接指向(points to)存在电脑存储器中另一个地方的值。由于通过地址能找到所需的变量单元,可以说,地址指向该变量单元。指针指向内存地址的首地址。因此,将地址形象化地称为"指针"。下面介绍文本文件读写的一些方法。

10.2.1　read()方法

read([size])方法用来读取文件中的字节到字符串中,括号中的 size 就是指定的字节数,如果未给定或为负则读取所有。这里我们需要介绍两个计算机存贮的单位:比特(bit)和字节(byte)。比特是计算机存储信息的最小单位,也称之为位,1比特等于1或者0,是计算机处理、存储、传输数据时使用的二进制格式;字节是计算机存储容量的基本单位,1字节相当于8比特。

10.2.1.1　不指定字节

默认方式下,括号中的 size 为−1,表示读取整个文件的所有字节。接下来,我们打开诗歌的文(poem.txt),利用 read()方法,读取其中的内容(例10−7)。

例 10−7

```
f = open('D:\\Data\\A10\\poem.txt','r',encoding='UTF−8')
a = f.read()
print(a)
f.close()
```

结果如下:

```
床前明月光
疑是地上霜
举头望明月
低头思故乡
```

打开文件后,利用 read()方法,读取文本 poem.txt 中存放的所有内容,将读取的内容赋值给 a,然后将 a 打印出来。

10.2.1.2　指定字节数

打开文档后,利用给定 size 值的 read(size)方法,读取 poem.txt 文本,采用指定字节数的方式读取内容(例10−8)。

例 10-8

```
f = open('D:\\Data\\A10\\poem.txt','r',encoding='UTF-8')
a = f.read(4)
b = f.read()
print("a="+a)
print("b="+b)
f.close()
```

结果如下：

```
a=床前明月
b=光
疑是地上霜
举头望明月
低头思故乡
```

以'r'方式打开文档后,利用给定4值的 read(size)方法,赋值给 a,然后读取剩余内容赋值给 b,最后打印 a 和 b,关闭文件,输出结果 a=文本文档的前四个字节内容,b=文档的剩余内容。

10.2.2 write()方法

write([str])方法与 read(size)相反,它是用来把一些字符串写入文件中的。注意是字符串写入文件,若输出数据为数字型记得进行类型转换。

10.2.2.1 覆盖方式

打开文本文档后,采用覆盖写入,即'w'方式,将覆盖原本的内容,利用 write([str])方法将文本写入文本文档(例 10-9)。

例 10-9

```
f =open('D:\\Data\\A10\\poem.txt','w')
#\n 可以命令换行
f.write('春眠不觉晓\n处处闻啼鸟')
f.close()
```

原文件与写入后对比(图10.4)：

图10.4　覆盖方式

10.2.2.2 追加方式

打开文本文档后,采用追加写入,即'a'方式,将在已有内容后面写入的新的内容(例10-10)。

例10-10

```
f =open('D:\\Data\\A10\\poem.txt','a')
f.write('\n夜来风雨声\n花落知多少')
f.close()
```

原文件与写入后对比(图10.5)：

图10.5　追加方式

10.3 读写行操作

10.3.1 readline( )

readline([size])方法是用来读取打开文件的一整行,然后将整行(包括行结束符"\n"字符)作为字符串返回。与read()相同,它的size参数,默认值也为-1,表示读至此行的结束符。如果提供了该参数,那么在超过size个字节后将会返回不完整的行。

（1）使用readline()读取文件的一行。

以'r'方式打开文档，利用readline()方法，读取数据文档的第一行并赋值给a，打印a，最后关闭文档（例10-11）。

例10-11

```
f =open('D:\\Data\\A10\\point.txt','r',encoding='UTF-8')
a =f.readline()
print(a)
f.close()
```

结果如下：

```
1300485.3100,750486.7100,975.4000
```

可以看到输出结果为数据文档的第一行，还可以使用for循环遍历文件至指定行数，range()括号内的参数为行数，未去除换行符。

（2）使用readline()读取文件的多行。

以'r'方式打开文档，利用for循环和readline()方法，读取数据文档的每一行并标上序号，然后将内容打印出来，最后关闭文档（例10-12）。

例10-12

```
f = open('D:\\Data\\A10\\point.txt','r',encoding='UTF-8')
for i in range(3):
    print(str(i)+':'+f.readline())
f.close()
```

结果如下：

```
0:1300485.3100,750486.7100,975.4000

1:1300492.7500,750471.2700,972.8400

2:1300474.2800,750490.2800,977.6500
```

readline(size)方法在读取文档时,会把换行符也读取到,这就会导致运行结果中出现空行现象。

10.3.2　readlines( )

readlines([sizehint])方法用来读取所有的行并返回列表,读取大文件会比较占内存。它的可选参数 sizehint 代表返回的最大字节大小,若它大于 0,则返回大约 sizehint 字节的所有整行。我们可以通过 for 循环遍历列表(例 10-13)。

例 10-13

```
f = open('D:\\Data\\A10\\point.txt','r',encoding='UTF-8')
for line in f.readlines():
    print(line)
f.close()
```

结果如下:

```
'1300485.3100,750486.7100,975.4000',
'1300492.7500,750471.2700,972.8400'
'1300474.2800,750490.2800,977.6500'
……
```

10.3.3　writelines( )

writelines()方法和 readlines()对应,writelines()方法是将列表写入文件中,行结束符并不会被自动加入,所以如果需要换行的话,必须在调用 writelines()前给每行结尾加上行结束符"\n"(例 10-14)。

例 10-14

```
f =open('D:\\Data\\A10\\point.txt','w',encoding='UTF-8')
list1=["1300440.8100\n","750382.9800","990.0800"]
f.writelines(list1)
f.close()
```

结果如下：

图 10.6 writelines结果

以'w'方式打开数据文档，利用writelines()方法将列表写入数据文档，在这期间，需要注意换行符的使用。输出结果为写入列表覆盖原文档内容。可以发现，因为"750382.9800"后面没有加"\n"，所以"990.0800"写入时是接着"750382.9800"写入。

☞小提示：并没有"writeline()"这种方法，因为它与使用以行结束符结尾的单行字符串调用write()方法是等价的。

10.4 文件内移动

seek(offset,whence)方法用于移动文件的读取指针到指定的位置，即指定从什么位置开始读取文件。offset就代表相对于某个位置的偏移量，whence就代表"某个位置"，默认值为0，表示文件开头，whence=1表示文件当前位置，whence=2表示文件末尾。

将点云文件导入arcgis是需要头文件的，也就是txt文档的第一行需要是"X,Y,Z"，但我们获得的点云文件通常是没有"X,Y,Z"的。我们需要在文件的第一行插入头文件，才可以导入地理信息系统软件中，可以使用seek函数来达到我们想要的效果（例10-15）。

例 10-15

```
with open('D:\\Data\\A10\\XYZ.txt', 'r+',encoding='utf-8') as f:
    point = f.read()
    f.seek(0, 0)
    f.write('X,Y,Z\n'+point)
```

结果如下图所示（图 10.7）：

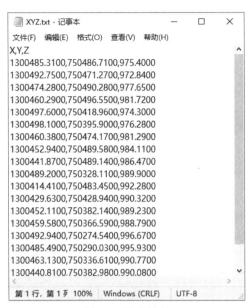

图 10.7　输出结果

以'r'方式打开数据文档,利用 read()方法读取全部数据,储存在 point 中,然后利用 seek()函数指定添加的位置,利用 write()方法将头文件和原数据写入文档,输出结果为添加了头文件的原数据。

10.5　异常处理

在打开文件和文件读写过程中,随时都可能出现异常。异常是一个潜在的错误事件,异常事件发生后,Python 解释器无法正常地处理代码就会终止程序。异常事件发生后,我们需要在发生异常时抓获并且处理,从而使程序能够继续正常地运行下去。Python 提供了运行时的异常处理机制,可以运用 try/except、try/finally、raise 等方法来处理异常。

10.5.1　try/except

通常使用 try/except 语句来捕捉异常。如果执行 try 语句时检测到异常,Python 解释器就回到 try 语句,接着让 except 语句捕捉异常并处理。如果没有检测到异常,直接跳过 except,执行最后的代码。在 try/except 语句中,还有可选语句 else,其语法结构如下:

```
try:
    正常的操作
    ........................
```

```
except:
    发生异常,执行这块代码
    ..................
else:
    如果没有异常执行这块代码
```

当try语句中的代码没有出现异常时,则会执行else语句后的代码;当try语句中代码出现异常时,则不会运行else语句后的代码。借助这种异常处理的机制,我们在打开文件的过程中,在普通方法的基础上加一个异常处理机制,这个异常处理机制可以确保在文件出错时也可以正常关闭(例10-16)。

例10-16

```
try:
    file=open('D:/Data/A10/myfile')
except  FileNotFoundError:
    print("文件读取失败或错误")
else:
    print("文件读取成功")
    file.close()
```

结果如下:

```
文件读取失败或错误
```

10.5.2 try/finally

在try/finally语句中,try中的语句是需要判断是否异常的语句,finally语句是无论try中的语句是否异常都要执行的语句。finally语句语法如下:

```
try:
    正常的操作
    ..................
```

```
except:
    发生异常,执行这块代码
    ......................
finally:
    <语句>    #无论有无异常总会执行
```

在 try/except 语句中,无论 try 后的语句运行过程中是否发生异常,都会执行 finally 后的语句。在读取数据文件时,读取成功与否都要将资源回收,也就是说,不管有没有捕获到异常,程序都要运行下去将文件关闭。这就可以用到 finally 语句,实现无论文件操作是否出错都可以在最后将文件正常关闭。

例 10-17

```
try:
    f = open(' D:/Data/A10/filename','r',encoding='UTF-8')
    print(f.read())
    print(f)
finally:
    if f:
        f.close()
```

结果如下:

```
123456789
123456789123456789
 123456789
```

打开数据文件时通常会有两种情况:没有异常和出现异常。

例 10-18

```
try:
    f = open(r"D:/Data/poem.txt")
    print(f.read())
    print(f)
except Exception as e:
```

```
    print("捕获到所有异常")
    print("捕获到的异常是:{}".format(e))
finally:
    if f:
      f.close()
```

结果如下：

```
<_io.TextIOWrapper name='D:/Data/poem.txt' mode='r' encoding='cp936'>
```

以上代码运行有结果打印出来，说明文件操作过程中没有异常发生，跳过 except 语句执行了 finally 语句(例 10-18)。

例 10-19

```
try:
    f = open(r"D:/Data/testfile.txt")
    print(f.read())
    print(f)
except Exception as e:
    print("捕获到所有异常")
    print("捕获到的异常是:{}".format(e))
finally:
    if f:
        f.close()
```

结果如下：

```
捕获到所有异常
捕获到的异常是:[Errno 2] No such file or directory: 'D:/Data/poem1.txt'
Traceback (most recent call last):
  File "C:\Data\例 10.py", line 8, in <module>
    if file:
NameError: name 'f' is not defined
```

由以上代码可以看出,文件操作过程中发生了异常,程序捕获到异常且执行了finally语句(例10-19)。综上所述,无论前面代码运行是否出现异常,最终都会执行finally后的语句。

10.5.3　raise

Python解释器遇到错误会自动触发异常,当然,我们还可以手动设置异常,来触发异常。为什么要触发异常呢?因为程序中有些错误是需要规避的,而有些错误是需要提示并加以解决的。例如,我们对用户的输入需要有警告和提示,就可以手动地设置异常。如果只想判断是否触发了异常,但并不打算处理该异常,则可以使用raise语句触发异常。语句如下:

```
raise [exceptionName [(reason)]]
```

其中参数exceptionName是错误类型,用[]括起来的为可选参数,reason是自己提供的异常参数。我们使用raise语句引发异常是为了能够处理异常,通常raise语句引发的异常用try/except(else及finally)的结构来捕获并进行处理(例10-20)。

例10-20

```
try:
    file = open('D:/Data/poem.txt','r',encoding='UTF-8')
    a = file.read()
    #isdigit字符串返回是数字字符串,则返回 True,否则返回False
    if(not a.isdigit()):
        raise ValueError("a必须是数字")
except ValueError as e:
#repr() 函数将对象转化为供解释器可读取的形式
    print("引发异常:",repr(e))
```

结果如下:

```
引发异常:ValueError('a必须是数字')
```

由运行结果可知,当我们输入的不是数字时,程序会进入判断语句if,并执行raise引发ValueError异常。通过以上的形式可以规避一些由操作错误等引起的异常,提高程序的可读性。

10.6 总结

Python文件读写的基本步骤是：打开文件，处理文件，关闭文件。Python有很多读写方式，借助open()、read()、readline()、readlines()、write()、writelines()等内置函数，我们学习了常用的文件读写方式。学习完本章，我们已经能够查看存储在文本文档或Excel表格中的数据并对它们进行操作。此外，正确地掌握异常事件的不同处理方式可以帮助开发人员更高效地解决问题。

10.7 本章习题

题 10.1

请使用文件读取的方法，将作者添加到文档的首行。

第11章　框架开发

随着业务的发展,软件系统变得越来越复杂,不同领域的业务所涉及的知识、内容、问题非常多。如果每次通过编程解决问题都需要从头开发,那将是一个很漫长的事情,且并不一定能将它做好,这个时候我们需要借助开发框架来提升我们的开发效率,降低开发难度。除了 Python 解释器,Python 自带的标准库(Standard Library)、第三方库及自定义模块可以满足众多的开发需求,另外还有众多的第三方编程工具和开发环境可供选择,借助 Anaconda 和 Pycharm 可以很方便地开发一个项目。在本章节中,我们将一起学习框架开发的思维模式,并且掌握 Anaconda+Pycharm 的框架开发环境的搭建。

11.1　框架开发

简单来讲,软件开发主要包括框架设计和功能设计两部分工作。软件框架可以理解为我们盖房起楼时,用梁+柱子+承重墙做起来的钢筋混凝土结构框架。而功能设计,类似在这个框架结构中所要设计的不同类型、功能的房子,比如停车场、商场、酒店、饭店、商住房等。基于框架的软件开发模式,相当于别人已经帮我们搭建好了建筑物的框架结构,我们只需要设计内部不同功能的房间。一个成熟的开发框架,它是模板化的代码,会帮我们实现很多基础性的功能,我们只需要专心地实现所需要的业务逻辑就可以了,而很多底层功能操作,框架已帮我们实现了。

11.1.1　框架搭建

Python 开发框架的搭建方式有很多种,需要借助包管理工具和 IDE 配合完成,本章节主要介绍 Anaconda+Pycharm 方法。Anaconda 是 Python 开发环境管理的大管家,我们称之为"调包侠";Pycharm 是一种 Python IDE(Integrated Development Environment)。为了节省在环境搭建上花的时间和精力,Python 框架开发的搭建步骤可以按照以下三个步骤进行(图 11.1):

(1)安装 Anaconda(建议安装 Anaconda3)。Anaconda 是 Python 的一个集成管理工具或系统,它将 Python 开发所需要的包都集成在了一起,简单来说,Anaconda = Python + Python 运行所依赖的库。

(2)创建虚拟环境,并在创建的虚拟环境下安装开发程序所需要的包。

（3）最后，在Pycharm中，新建项目或者打开项目后，关联上面创建好的虚拟环境。

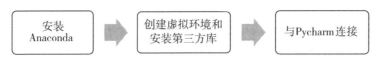

图 11.1　Python框架开发环境搭建

在 Anaconda 中完成开发环境的配置以后，在Pycharm中将开发项目与开发环境进行管理，开发环境与开发项目的关系为1∶N，即1个开发环境可以关联多个开发项目，1个开发项目只能关联1个开发环境。第三方框架资源主要以镜像形式存储在云环境，用户可以通过 Anaconda 实现对镜像资源的配置和管理。Anaconda 以开发环境的方式对第三方框架进行管理，一个开发环境可以集成多个框架。开发框架搭建结构图如图11.2所示。

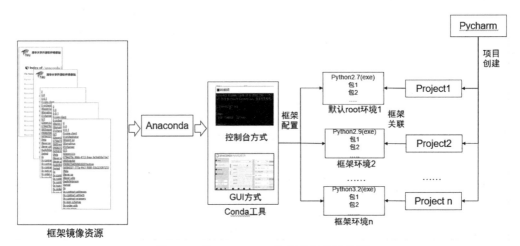

图 11.2　基于 Anaconda 的框架开发结构图

11.1.2　常用框架

Python有着众多的常用开发框架（表11.1），这些常用开发框架根据其应用方向，大致可以划分为2类：①Web应用与图形处理类，如 Django、Flask、Scrapy 等；②机器学习与数据处理类，如 NumPy、Pandas、TensorFlow 等。

表 11.1　Python常用框架简介

类别	名称	描述
Web、爬虫、图像处理框架	Django	最通用的 Web 开发框架之一
	Flask	是一个轻量级的 WSGI Web 应用框架
	Scrapy	是 Python 很好用的数据爬虫框架
	Pillow	是一个编辑图像的处理库

续表

类别	名称	描述
数据分析、机器学习和深度学习包和框架	NumPy	是基于Python的开源数值计算扩展库
	Pandas	是Python中，功能强大的数据分析库
	scikit-learn	是适用于数据处理和机器学习处理非常强大的库
	TensorFlow	由Google与Brain Team合作开发的一个深度学习库

11.2 调包侠——Anaconda

Python好用，但用好不容易，其中的难点之一就是包管理和Python不同版本的问题。值得庆幸的是，Python开发中有一个不错的管家Anaconda，由它来负责安装Python解释器和第三方库，可以帮我们解决多版本Python并存、切换及各种第三方包安装问题，替我们省去很多不必要的麻烦，因此我们把Anaconda称为"调包侠"。作为一个开源的Python发行版本，Anaconda支持Linux、Mac、Windows三大系统，包含了诸多的第三方包及其依赖项，并且提供了包管理与虚拟环境管理的功能。下面，我们将学习使用Anaconda，掌握虚拟环境管理，快速搭建开发环境。

11.2.1 安装Anaconda

Anaconda安装过程简单，可以高性能使用Python语言，它的这些特点极大地简便了我们Python学习的前置工作，让我们尽快进入Python的学习中去。安装Anaconda：从官网上（https://www.anaconda.com/）下载Anacoda的安装包。请下载最新版的"Anaconda Individual Edition"for Windows，安装包大约500兆（图11.3）。

Data science technology for
a better world.

Anaconda offers the easiest way to perform Python/R data science and machine learning on a single machine. Start working with thousands of open-source packages and libraries today.

Download ⊞

For Windows
Python 3.9 • 64-Bit Graphical Installer • 621 MB
Get Additional Installers
⊞ | ⚫ | △

图11.3 Anaconda官网

和安装Python解释器一样，在安装Anaconda的过程中，勾选"Add Anaconda to my PATH environment variable"选项，Anaconda就会直接在系统变量中增加Python相关的路

径,不需要后期手动添加(图11.4)。

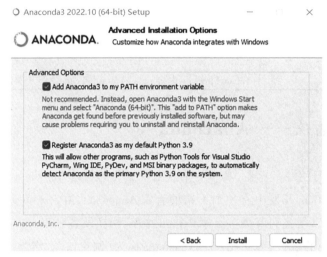

图11.4 选择添加环境变量

在安装 Anaconda 后,会默认有一个 Python 环境,Python 的版本与 Anaconda 版本对应,即安装 Anaconda3 会对应有一个 Python3 的环境,可见 Anaconda 在安装时自动为系统安装了 Python,因此不需要再次安装 Python。与此同时,Anaconda 还预装了大部分常用的 Python 包。

安装完成后,我们进入 Anaconda Navigator 主界面(图11.5)。Anaconda 提供了可视化的界面来管理不同的项目,其主要功能是对 Environments(虚拟环境)进行管理。

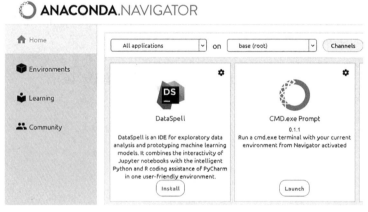

图11.5 Anaconda主界面

11.2.2 虚拟环境管理

我们在实际的开发过程中,根据需要会调用一些相应库、框架等。不同的项目中需求的框架不一样,这样就会导致我们在一个环境中不断更新、改换相应的框架,这样操作使得环境管理相当混乱。使用虚拟环境可以避免出现这些错误,在开发中我们需要什么,就可以直接在虚拟环境中安装什么,与原先环境无关,这样既简化了操作,又便于管理。

虚拟环境就是真实环境的一个副本,是一个独立的开发环境,虚拟环境是用于依赖项管理和项目隔离的 Python 工具,允许 Python 站点包(第三方库)安装在本地特定项目的隔离目录中,而不是全局安装(作为系统范围内的 Python 的一部分)。可以把虚拟环境看作一个独立的空间,里面安装了很多东西,比如 Python 2.7、各种框架库等。不同的虚拟环境之间,相互独立,互不影响,不需要反复安装卸载不同版本的解释器和第三方包及其依赖,并能够在不同的环境之间切换,非常方便。

11.2.3 图形用户界面

Anaconda 提供了图形用户界面(Graphical User Interface,简称 GUI)来管理不同的项目,对于初学者可以使用 GUI 可视化界面方式进行管理。使用 GUI 可视化界面可以直接创建环境和安装第三方包,无须写入代码,但速度较慢。

11.2.3.1 虚拟环境安装

在 Anaconda Navigator 主界面(图 11.6),界面左侧为功能区域,点击左侧菜单栏中的 Environments,进入环境配置界面,界面中间部分为已建环境列表,其中 base(root)为系统默认环境,环境列表下端为功能区域,主要包含"Create""Clone""Import""Backup"和"Remove"功能。

图 11.6　Environments 界面

点击"Create"按钮,弹出新建环境界面,在弹出窗口填写环境名称,选择 Python 版本,点击下方的 Create,即可创建环境(图 11.7)。环境的 Python 版本选择非常重要,一个环境只能对应一个 Python 版本,选择的 Python 版本一定要与第三方框架兼容。

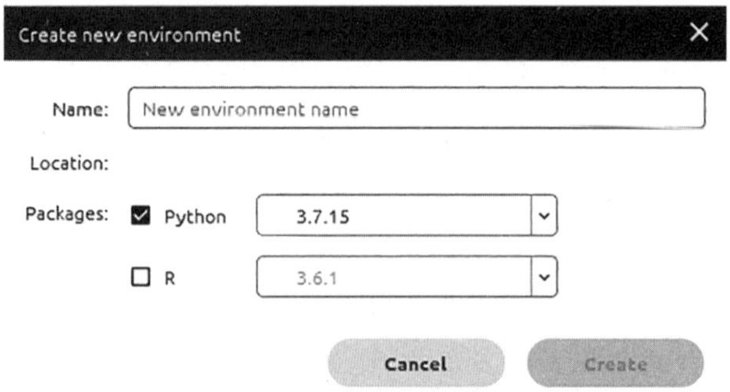

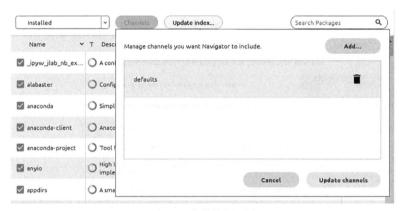

图 11.7 使用 Anaconda 可视化界面创建新环境

在进行下载框架之前，可能会需要对资源镜像网址进行配置，如下图所示（图 11.8），系统自带的镜像资源能够满足我们大部分的需求，如果在资源列表中检索不到需要的框架（包），则需要添加新的镜像网址。

图 11.8 自带资源列表

11.2.3.2 第三方包管理

虚拟环境建立后，就可以在当前环境下下载第三方包，首先在下列列表中选择"Not install"未安装框架（包），如下图所示（图 11.9）。为了能够在资源列表中快速定位到资源，建议在 Serch Package 中输入框架（包）名称关键词。

图 11.9 资源列表

在资源列表中定位框架(包)以后,在界面右下角选择"Apply"按钮,系统会首先自动检索该框架(包)所依赖的其他框架(包),并在提示框中进行显示,用户点击"apply"开始框架(包)下载,为了提高下载的速率,镜像资源尽量选择国内服务器(图11.10)。

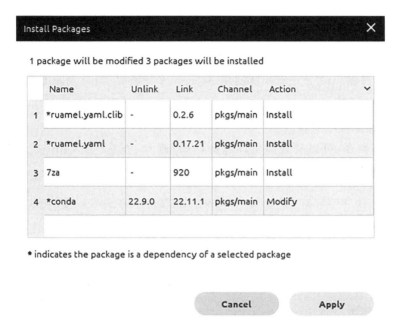

图 11.10 框架下载

前面我们介绍了用 Python 解释器在 DOS 环境下通过命令安装第三方包。有了 Anaconda 的支持,我们可以使用可视化界面来安装和管理包。勾选需要安装的第三方库,右击可根据需要选择其特定版本(图11.11)。

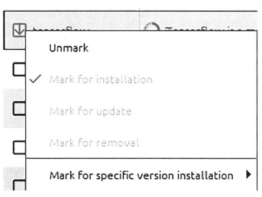

图 11.11 选择特定版本

指定环境后,选择 uninstall 栏,可以搜索某一第三方包并对其进行安装(以 TensorFlow 为例),点击页面右下角的 Apply,此时要保持网络的畅通,以及 Python 版本的对应,以免安装失败。另外,有些库在线安装时间较长,请耐心等待。

☞小提示：在Anaconda中安装第三方库，它会自动解决安装过程所依赖的其他库和文件。

11.2.4 控制台命令方式

Anaconda管理工具除了GUI界面方式，还提供了控制台命令方式：Anaconda prompt。与cmd一样，通过输入命令完成环境创建、第三方库安装等工作。和GUI界面方式相比，这种方法虽然没有Windows可视化的界面，但是速度快、效率高、推荐使用。

11.2.4.1 虚拟环境安装

利用conda命令，可以实现虚拟环境的创建、删除、查看、进入和退出等诸多的操作（图11.12~11.13）。

```
#创建虚拟环境
conda create --name test1 python=3.7
conda create -n test2 python=3.8

#删除虚拟环境
conda env remove -n test

#查看虚拟环境
conda env list

#进入虚拟环境
conda activate test

#退出虚拟环境
conda deactivate
```

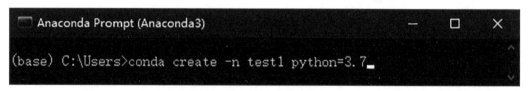

图11.12 创建虚拟环境

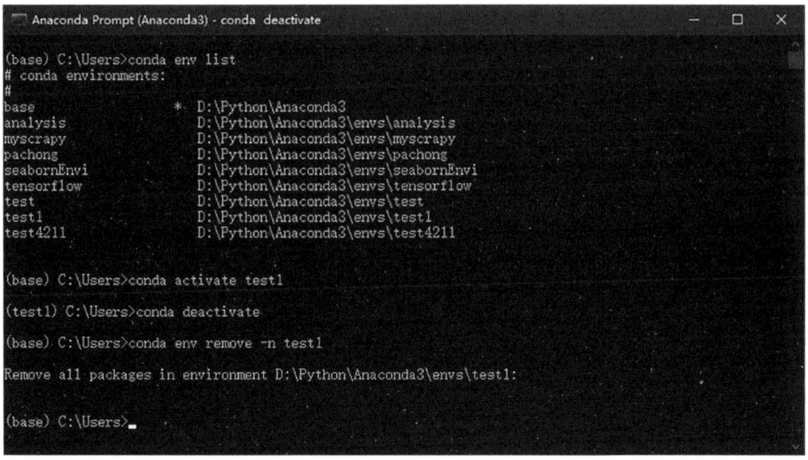

图 11.13　虚拟环境管理

打开 Anaconda 的安装目录观察一下,发现这个文件夹和 Python 环境目录基本一样,这个路径就是前面提到的安装 Anaconda 默认带了一个 Python 环境,默认命名为 base 环境。我们创建的虚拟环境都存放在 envs 文件夹里,每个环境都是一个文件夹,接下来打开 envs 目录其中一个文件夹,发现也是和 Python 安装目录相似。通过观察可以发现 Anaconda 所创建的虚拟环境和真实环境其实是一样的,但是它可以做到将每个环境独立打包,通过 activate 命令切换建立好的环境。

11.2.4.2　第三方包管理

实现第三方库,分别使用 conda install,或者 pip install 命名进行安装和卸载。conda 与 pip 类似,conda 是包和环境管理器,在使用 Anaconda 的过程中,这两种管理器都可以利用(图 11.14)。

```
#conda install安装第三方库,若安装默认版本,则省略"=="号及版本号
conda install scrapy==2.6.2


#pip install安装第三方库,pip是传统包管理器
pip install numpy


#conda uninstall卸载第三方库
conda uninstall scrapy==2.6.2


#或者 pip uninstall卸载第三方库
 pip uninstall numpy
```

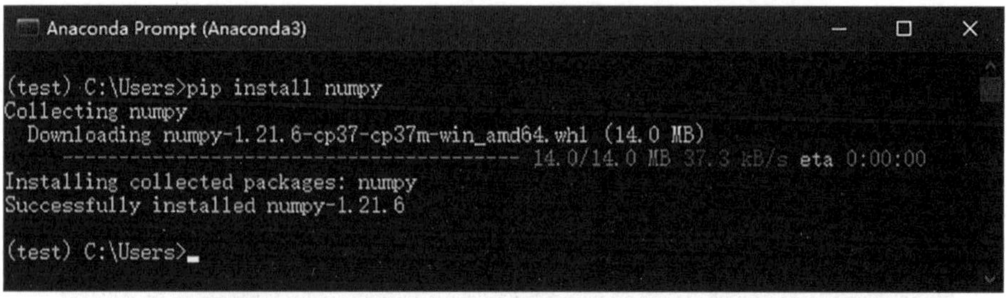

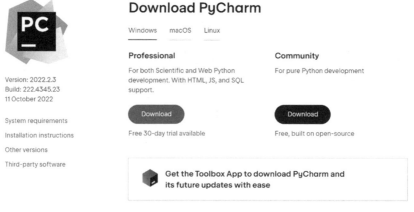

图 11.14 安装第三方库

总之，Anaconda 是一个大管家，帮助我们管理开发过程中诸多烦琐的事情。有了它，我们可以方便地使用图形用户界面或者控制台命令方式来实现虚拟环境的管理，安装特定版本的 Python 解释器，众多的第三方包和科学计算工具等。

11.3 Pycharm 安装和使用

前面我们介绍了 Python 自带的 IDLE（Integrated Development and Learning Environment），IDLE 适合初学者入门学习 Python 语言。其实 Python 开发平台有很多，除了 Python 官方自带的 Python shell 和 IDLE 外，常用的第三方开发平台有 Spyder、Wing、PyDev + Eclipse 等。但相比之下，Pycharm 是功能最为完备，用户体验最好的集成开发环境，可以帮助开发者在使用 Python 语言开发时提高效率，开发大型项目。

11.3.1 安装 Pycharm

从官网上（https://www.jetbrains.com/pycharm/）下载 Pycharm 的安装包（图 11.15）。

图 11.15 下载界面

目前 Pycharm 共有三个版本:Professional、Community 和 Education 版。Professional 版是收费的,功能最全,比 Community 版本多了 Web 开发、科学工具、远程开发等功能。Community 和 Education 版本是开源项目,它们是免费的。Education 版完整地引用了 Community 版的全部功能,同时集成了一个 Python 的课程学习平台。

11.3.2 Pycharm 主界面

Pycharm 的主界面如图 11.16 所示,四个区域分别为:菜单栏、项目列表、代码区、运行结果区。和 IDLE 界面对比可以发现它的界面设计比较精细。

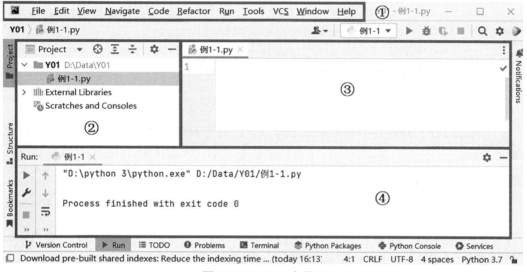

图 11.16 Pycharm 主界面

①菜单栏区域:该区域可以打开和创建项目、运行和调试应用程序或运行其他命令。

②项目目录区域:该区域显示项目名、文件名及它们的路径。

③代码编写区域:该区域可以阅读、编写及修改代码。

④信息显示区域:该区域显示代码运行结果及各种警告和错误信息。

11.3.3 代码编写和调试

在安装完 Pycharm 后,我们就要开始代码的编写了。Python 原文件即 .py 文件,相当于我们用 IDLE 所编写的每一个脚本文件。Pycharm 具有以下几个比较突出的优点:

(1)代码编辑协助:在输入代码时可以进行代码自动补全,并且会实时自动保存编辑内容。

(2)项目代码导航:可帮助用户即时从一个文件导航至另一个,从一个方法至其申明或者用法甚至可以穿过类的层次。

（3）专业工具集成：如集成单元测试、代码检测、代码重构工具等，几乎集成了所有可能用到的功能。

（4）图形页面调试器：该调试器带断点、步进、多画面视图、窗口及评估表达式，功能比较全面。

11.3.3.1 代码编写

在 IDLE 中必须运行代码，才能知道代码的语法有没有错误，而在 Pycharm 中编写代码，如果代码发生语法错误是会被标红的（图 11.17）。

```
1  def dms(a):
2      d = int(a)
3      m = int((a-d)*60)
4      s = ((a-d)*60-int((a-d)*60))*60
5      return (d,m,s)
```

图 11.17 红色波浪线提示

上面第 2 行右括号是中文字符属于异常，在 Pycharm 界面中如图 11.17 所示。然而，异常不被标红，只有在运行代码后才会显示异常类型。下面的例子中 c 变量是未定义变量，运行代码会出现异常，但其不会在界面中被标红（图 11.18）。

```
1  def dms(a):
2      d = int(a)
3      m = int((a-d)*60)
4      s = ((a-d)*60-int((a-d)*60))*60
5      return (d,m,s),c
```

图 11.18 异常问题

由此可见，代码调试首先查看标红的地方，解决语法错误，如果没有语法错误，可以试运行，进一步调试，接下来学习断点调试。

11.3.3.2 断点调试

断点调试是一个常用且能够快速找到出错原因的方法。断点就是断开的点，即让程序只运行至这个点，之后可以通过手动的方式一步一步让程序运行，查看每一步的变量变化是否符合预期。在代码区，找到想要设置断点的行数，在行数数字后面左键单击即可设置断点。每行代码前面都有对应的行数，只需要在行数与对应代码空白的地方，用鼠标单击一下即可设置断点（图 11.19）。

```
1      def dms(a):    a: 116.542
2          d = int(a)    d: 116
3          m = int((a-d)*60)    m: 32
4          s = ((a-d)*60-int((a-d)*60))*60    s: 31.20000000000573
5  ●        return (d,m,s)
6
7      def LatLong(x,y,z):
8          m = z/60
9          f = (y+m)/60
10         u = x+f
11         return u
12
13 ▶  if __name__=="__main__":
14         print('转换后: ' + str(dms(116.542)))
15         print('转换后: '+str(LatLong(116,34,34)) + '°')
16
```

图11.19 设置断点

如图11.20所示,在第5行设置了断点,设置断点后点击菜单栏 Run->Debug,将会运行程序至断点处,运行结果区会显示到当前行数为止的变量信息。

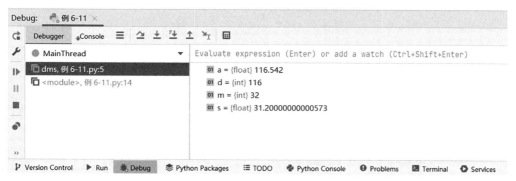

图11.20 变量信息

在console窗口区,可以看到上方有几个调试按钮(图11.21)。

图11.21 调试按钮

①单步运行程序,遇到函数不进入函数;

②单步运行程序,遇到函数会进入函数(源代码);

③单步运行程序,遇到函数会进入函数(自己写的函数);

④跳出当前函数;

⑤运行到光标处。

为了能够有一个比较清晰的理解,主程序为 A1.py,编写一个模块 module.py,并在其中编写函数 dms、LatLong(图 11.22、图 11.23)。

图 11.22 test1.py

图 11.23 A1.py

（1）使用按钮①运行程序，变量的值是一步一步变化的，但运行至第 7 行调用函数 dms 时并不会进入模块 module.py。

（2）使用按钮②运行程序，变量的值是一步一步变化的，运行至第 7 行会直接进入模块 module.py。

（3）使用按钮③运行程序，变量的值是一步一步变化的，运行至第 7 行会直接进入模块 module.py。

（4）使用按钮④运行程序，变量的值以一个循环为粒度同时变化，因为不是逐行调试，所以不涉及进入调用函数。

（5）使用按钮⑤运行程序，将光标放到任意位置，点击按钮⑤，程序将会运行到光标处。

因为我们的例子比较简单，不涉及大量源代码，所以使用按钮②和③的结果看不出区别，实际上按钮②会进入源代码中（较大的工程里源代码通常比较复杂且不易看懂），而按钮③只进入用户编写的函数中，在实际代码调试中可以根据自己的需求选择合适的粒度调试程序。

11.3.3.3 高亮显示

在 Pycharm 中，鼠标左键点击一个变量或函数会高亮显示它出现的所有位置，方便我们查看它们都在哪里出现了,点击 d 和点击 .dms() 函数的效果如下面两张图所示(图11.24、图 11.25)。

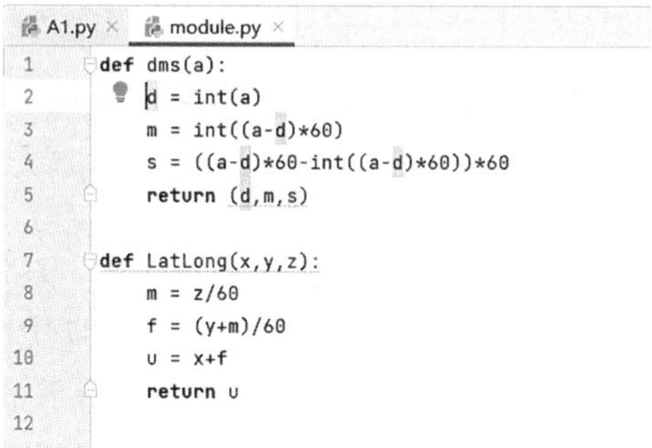

图 11.24　高亮显示变量 d

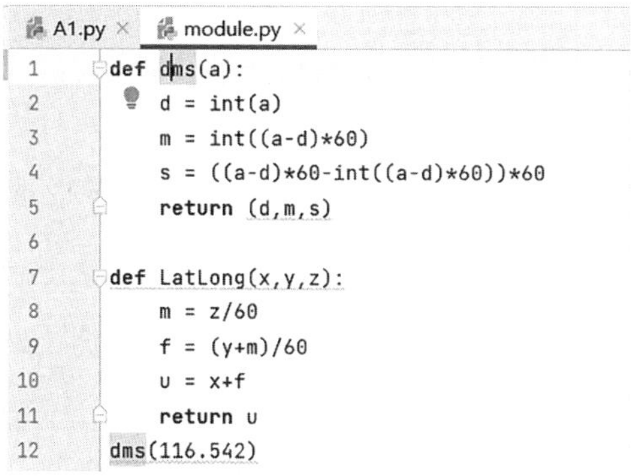

图 11.25　高亮显示函数 dms

11.3.3.4　跳转到变量或函数位置

跳转方法可以直观地展示变量或函数的位置,以及快速跳转到它们出现的位置。在变量或函数处右键,单击"Go To"-"Declaration or Usages"即可跳转到对应的位置(图 11.26)。

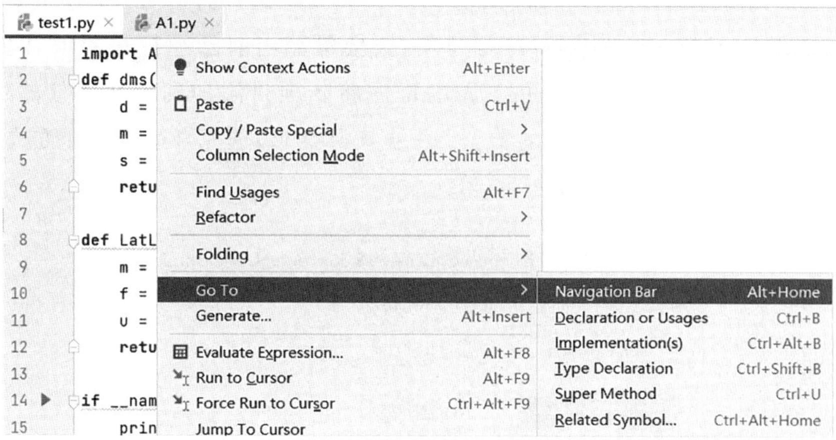

图 11.26　跳转到对应的位置

Go to界面下第一个是导航栏,主要是查看目录;第二个是声明或用法,主要作用是跳到变量或函数被声明或定义的位置,直观展示相应的函数代码;第三个是实施,作用和声明类似,也是找到函数的具体代码所在处。

11.4 Pycharm 项目管理

实际开发中,一个项目的代码通常不可能仅通过一个 .py 文件就能完全实现。大多数情况下,项目由多个 .py 文件构成。如果仅仅依赖自带的 IDE(集成开发环境)编写代码,那么每次工作时都需要逐个打开所需的窗口,这对于查看和调试代码极为不便。相比之下,Pycharm 提供了强大的项目管理工具,可以高效地组织项目中的各类文件,将它们整合到一个项目中并进行打包保存,这样就大大简化了开发流程。

11.4.1 项目管理

创建或打开点击菜单栏 File->New Project,在 Location 栏选择项目保存路径后点击 create 即可(图 11.27)。

图 11.27 创建新项目

如果项目已经存在,可以直接打开:点击菜单栏的"File"选项,然后选择"Open",在弹出的对话框中浏览并选择项目目录,点击"OK"。接下来选择打开方式(图 11.28):(1)在"This Window"中打开——在当前窗口打开项目,会覆盖当前已经打开的项目。(2)"New Window"——在新窗口中打开项目。(3)"Attach"——将新项目添加到当前窗口的项目列表中,这种方式可能会导致项目路径的错误。根据实际需求,选择合适的打开方式。

图 11.28 打开项目

11.4.2 环境设置

在Pycharm中,通过setting界面创建虚拟环境或关联anaconda中已创建好的虚拟环境。具体操作如下:首先在"File"中选择"Setting",在弹出的界面中选择"Project Interpreter"选项,并点击右侧齿轮,选择"Add"(图11.29)。

图11.29 Pycharm Settings界面

11.4.2.1 创建环境

打开后选择Conda Environment,可选择"New Environment"创建新环境(图11.30)。

图11.30 创建新环境

在新建的虚拟环境中,可视化安装第三方库。具体操作如下:在菜单settings里,选择当前项目名称下的project interpreter,在出现的界面上,点击加号(图11.31)。

图11.31 菜单settings

搜索要安装的库名，找到后点击 install package 即可（图 11.32）。

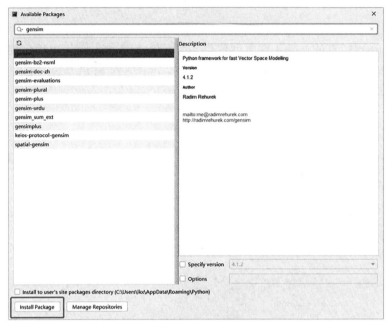

图 11.32 搜索要安装的库名

安装好后，在 Pycharm 中打开菜单查看 Python3.7 环境，可以看到我们刚刚安装的包都成功安装了。安装好的第三方包可以在 Pycharm 项目列表中寻找，一般会存储于本项目列表中的 …\venv\lib\site-packages 目录下。

11.4.2.2 关联环境

我们前面学习了通过 Anaconda 创建虚拟环境和安装第三方库，为项目开发做好开发环境的准备。在此基础之上，我们选择"Existing environment"，连接环境中的 Python 解释器（图 11.33）。

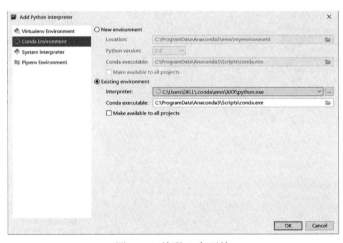

图 11.33 关联已有环境

点击确定后就会发现 Pycharm 已经和我们刚刚搭建的环境连接上了,开始程序的开发即可。

11.5 总结

借助 Python 成熟的开发框架,可以提高 Python 开发的效率,获得较好的编程体验。Python 提供了很多现成的开发框架,我们可以站在巨人的肩膀上来实现我们的编程功能。也就是说在我们实际操作中可以先查找有没有已经编写好基础功能的开发框架,将框架安装好后,使用 Python 编译器在当前框架的基础上进行修改,使其能够实现我们自己的需求。除此之外,众多现成的开发框架非常方便用户在此基础之上进行自定义应用。

11.6 本章习题

题 11.1 虚拟环境搭建的方法

本章节介绍了虚拟环境搭建的一些常用方法,请自行探索一下不同的虚拟环境搭建的方法,并总结一下各种方法的优缺点。

第12章　Python数据处理三剑客

根据数据的结构化程度,我们将数据分为结构化的数据(表格数据和空间数据)和非结构化的数据(文本和网页)。数据的结构化(Structurization)极大地提高了计算机处理的效率。最简单有效的结构化数据就是表格数据,在此基础上,地理数据也可以实现结构化来便于计算机的操作。对结构化数据的计算机操作是各行各业自动化操作的基本要求。Python对于结构化数据的分析和应用十分有利,提供了诸多现成的第三方库和丰富的应用案例,我们无须对复杂的数据结构进行学习,就能够实现结构化数据的分析和应用。在本章中,我们将深入学习如何运用Python语言提升数据分析的效率。ngshi探讨三个被广泛认可的强力工具:numpy,pandas和matplotlib,它们被合称为数据科学领域的"三剑客"。

12.1 Numpy

Numpy就是以矩阵为基础,重在做数值计算的一个基础库。

12.1.1 数据结构

它的数据结构就是ndarray,即n维数组。数组中的数据必须统一为同一类型,这是它与列表的显著区别。创建数组有很多方式,可以直接生成,也可以使用列表转换。在创建数组时我们可以用到一个常用函数arange(),返回值为一个数组(例12-1)。

例12-1

```
import numpy as np
a=np.arange(5)      #一个参数,生成从1到参数范围之间的一个整数集合
b=np.arange(1,5)    #两个参数,取两个参数之间(左开右闭)的整数集合
c=np.arange(1,5,2)  #三个参数,前两个参数定义数组的边界,最后一个默认为是步长
print(a)
print(b)
print(c)
```

结果如下:

```
[0 1 2 3 4]
```

```
[1  2  3  4]
[1  3]
```

使用列表转换为数组要用到 np.array 函数。执行效率上,数组优于列表,并且数据量越大,数组优势越明显(例12-2)。

例 12-2

```
import numpy as np

x = [1,2,3,4,5,6,7,8,9,10] #生成一个列表
y = np.array(x) #列表转为数组
print(x)
print(type(x)) #打印数据类型
print(y)
print(type(y)) #打印数据类型
```

结果如下:

```
[1, 2, 3, 4, 5, 6, 7, 8, 9, 10]
<class 'list'>
[ 1  2  3  4  5  6  7  8  9 10]
<class 'numpy.ndarray'>
```

数组按照维度,可以分为一维、二维和多维数组。一维数组排序结构单一,是最基本的数组;二维数组又称为矩阵,本质上是以一维数组作为数组元素的数组,即"数组的数组";三维及其以上的数组具有高、宽、深的属性(例12-3)。

例 12-3

```
import numpy as np

#创建一维数组
#a1 = np.arange(11)
a1 = np.array([1,2,3,4,5,6,7,8,9,10])
```

```
#创建二维数组,定义时用两个方括号区分维度
a2 = np.array([[1,2,3,4,5],[6,7,8,9,10]])

#创建三维数组,定义时用三个方括号区分维度
a3 = np.array([[[0,1,2,3],[4,5,6,7]],[[8,9,10,11],[12,13,14,15]]])
print(a1)
print(a2)
print(a3)
```

结果如下:

```
[ 1  2  3  4  5  6  7  8  9 10]
[[ 1  2  3  4  5]
 [ 6  7  8  9 10]]
[[[ 0  1  2  3]
  [ 4  5  6  7]]

 [[ 8  9 10 11]
  [12 13 14 15]]]
```

Numpy 还提供了诸多数组的运算方法,如转置、变形、拼接和排序等操作(例 12-4)。

例 12-4

```
import numpy as np

#转置
a = np.array([[1,2],[3,4],[5,6],[7,8],[9,10]])
print(a.transpose())#转置的两种方式
#print(a.T)

#变形
a = np.array([[0,1,2,3],[4,5,6,7],[8,9,10,11]])
#print(a) #原数组
#print(a.reshape(4,3)) #新数组
```

```
#拼接
a = np.array([[0,1,2,3],[4,5,6,7],[8,9,10,11]])
b = np.ones((a.shape[0], 1))#创建一个与数组a的行相等,列为1的数组
a = np.hstack([a,b])#拼接相同形状的两个数组水平方向合并,合并后行数不变
print(a)


#排序
a = np.array([[1,3,4],[5,7,9],[5,8,2]])
a1 = np.sort(a,axis = 0) # 参数 axis = 0,按列的方向从小到大排序
a2 = np.sort(a,axis = 1) # 参数 axis = 1,按行的方向从小到大排序
print(a1)
#print(a2)
```

结果如下:

```
[[ 1   3   5   7   9]
 [ 2   4   6   8  10]]
 [[ 0.   1.   2.   3.   1.]
 [ 4.   5.   6.   7.   1.]
 [ 8.   9.  10.  11.   1.]]
[[1 3 2]
 [5 7 4]
 [5 8 9]]
```

12.1.2 数据读取

Numpy库提供了多种读取数据的方法,这里我们使用loadtxt()函数读取文本文件,并将数据载入Numpy数组(例12-5),其语法如下:

np. loadtxt(fname, dtype=np. float, delimiter=None, skiprows=0, usecols=None, unpack=False)

Numpy读取文本数据参数介绍如表12.1所示。

Python语言与应用——互联网和社交网络分析

表12.1 Numpy读取文本数据参数介绍

参数	参数的含义
fname	文件名称
dtype	数据类型（float，str等），默认np.float
delimiter	分隔符，默认是任何空格。可以指定，例如使用逗号"，"
skiprows	跳过的行数，一般跳过第一行表头。默认为0表示从头开始
usercols	指定数据列，例如None表示从头开始
unpack	True读入不同的数组变量；False打包成一个数组变量。默认为False

例12-5

```
import numpy as np


file_path = r'D:/Data/test.csv'
df = np.loadtxt(file_path,delimiter = ',',dtype = str) #读取数据
print(df)
```

结果如下：

```
[['Num' 'Name' 'Id' 'Area' 'People']
 ['1' '北京市' '110000' '16309.9' '1115.7']
 ['2' '天津市' '120000' '11636.9' '852.85']
 ['3' '河北省' '130000' '187411.4' '6150.81']
 ['4' '山西省' '140000' '157057.8' '2982.18']
 ['5' '内蒙古自治区' '150000' '1122394' '2227.87']
 ['6' '辽宁省' '210000' '145353.4' '3970.34']]
```

数据读取成功之后，我们可以根据需求选取数据来进行分析，如选取"Name"和"People"就可以比较国内城市人口的情况（例12-6）。

例12-6

```
import numpy as np


file_path = r'D:/Data/test.csv'
df = np.loadtxt(file_path,delimiter=',',dtype=str)
print(df[:,[1,4]])
```

结果如下：

```
[['Name' 'People']
 ['北京市' '1115.7']
 ['天津市' '852.85']
 ['河北省' '6150.81']
 ['山西省' '2982.18']
 ['内蒙古自治区' '2227.87']
 ['辽宁省' '3970.34']]
```

通过索引和切片选取其中需要的数据。数据中每个元素的位置就是索引,用数字表示,起始一般为0,索引可以用来对单个元素进行访问,切片则对数据中一部分的元素进行访问。

12.2　Pandas

Pandas库的基础是Numpy。Numpy提供了高效快捷方便的矩阵运算,适合处理统一的数值数组数据,而Pandas是为了解决数据分析任务而创建的,它可以对各种数据进行处理操作。

12.2.1　数据结构

Pandas是专门为处理表格和混杂数据设计的,比较契合统计分析中的表结构(表12.2)。在Numpy数组结构的基础上延伸出来几种数据结构,方便我们构建和处理结构化数据。

表 12.2　Pandas 数据结构

维数	名称	描述
1	Series	存储各种数据类型
2	DataFrame	二维表格型数据的结构,有行列索引
3	Panel	三维数组,可以理解为 DataFrame 的容器

由于上述数据结构的存在,使得处理多维数组数据的任务变得更加简单。新版的Pandas库不再使用Panel数据结构,可以选择使用多维度的DataFrame结构替代。

12.2.1.1　Series

Series是一种类似一维数组的结构,由两部分组成:索引(index)和数值(values)。就是一个带标签的数组,标签就是指的索引,后面的数组就是值。Series与之前Numpy库中的数组相比就是多了一个索引。可以由两种方法创建:①使用pd.Series()创建Series。该方法用到三个参数:data是指要输入的数据;index,用于指定新的索引(如果不指定,默认从0开始);dtype,用于指定元素的数据类型。②通过字典转化为Series,如例12-7所示。

例12-7

```
import pandas as pd

#使用pd.Series创建
s=pd.Series(data=['北京市','天津市','河北省','山西省'] ,index=list("ABCD"))
#s=pd.Series(index=list("ABCD"),data=['北京市','天津市','河北省','山西省'])
#当其中的参数values和index顺序不同时结果是一样的

print(s) #打印数据
print(type(s))   #打印类型series

#使用字典创建
x={'北京市':16309.9,'天津市':11636.9,'河北省':187411.4,'山西省':157057.8}
y=pd.Series(x)#字典转化为Series
#print(y)
```

结果如下:

```
A    北京市
B    天津市
C    河北省
D    山西省
dtype: object
<class 'pandas.core.series.Series'>
```

由运行结果可知,第一列大写字母就是索引,第二列就是数据。

12.2.1.2 DataFrame

DataFrame是一个表格型的数据结构,是由data和columns组成,其中的data可以是数组、列表及字典等。生成DataFrame有多种方式,下面介绍了简单的生成方法及一些操作（例12-8）。

例12-8

```python
import pandas as pd

#创建 DataFrame
df=pd.DataFrame(data=[['北京市',110000,16309.9],
                      ['天津市',120000,11636.9],
                      ['河北省',130000,187411.4]],
                columns=["Name","ID","Area"])
print(df)

#使用索引访问数据,主要用到iloc和loc函数
#print(df.iloc[2,2])        #根据位置查询数据
#print(df.loc[2,"ID"])      #根据索引获取数据时要使用loc函数
#print(df.iloc[2,:])        #根据位置获取其中的一行数据,使用iloc函数
#print(df.loc[2,:])         #根据位置获取其中的一行数据,使用loc函数
#print(df.iloc[:,2])        #根据位置获取其中的一列数据
#print(df.loc[:,"Area"])    #获取其中的一列数据,有索引时使用loc函数

#切片(slice)是一种截取索引片段的技术,可从数据中选取一部分数据作为子集
print(df.loc[:,"Name":"ID"])          #通过切片选取我们需要的数据内容

#条件筛选
df1 = df[df["Area"] > 20000]     #先判断 Area 是否大于20000
#print(df1)
df2 = df.loc[:,"Area"] > 20000    #判断所有行中的 Area 是否大于20000
#print(df.loc[df2,:]) #打印满足以上条件的所有行数据

#排序
df3 = df.sort_values(by='Area')    #使用sort_valus函数,选择索引值进行排序
#print(df3)
```

结果如下：

```
     Name      ID       Area
0    北京市    110000   16309.9
1    天津市    120000   11636.9
2    河北省    130000   187411.4
     Name      ID
0    北京市    110000
1    天津市    120000
2    河北省    130000
```

DataFrame可以看成是由Series组成的字典，我们把DataFrame拆开很多个Series，它的行索引都是同一个，然后各自的数据不同。

12.2.2 数据分析

读取数据是数据分析的第一步，Pandas同样提供了读取多种格式的方法，例如read_csv()、read_excel()、pd.read_table()。Pandas读取数据和前面Numpy读取数据的语法接近，但Pandas读取得到的数据结构不是数组，而是一个表格型的数据结构，第一行为行索引，第一列为列索引。读取数据之后需要对数据进行审阅，了解所要处理的数据，再对其进行处理，例如，可以使用describe函数来查看数据的范围、大小等，使用info函数获取数据的简要摘要，使用shape查看数据的形状（例12-9）。

例12-9

```
import pandas as pd
#读取数据文件,注意文件路径不要写错,enconding参数读取中文字符
data=pd.read_csv(r'D:/Data/test.csv',encoding = 'ANSI')
print(data)
#使用describe函数来查看数据的范围,大小等
#print(data.describe())
#使用info函数获取数据的简要摘要
#print(data.info())
#shape[0]返回表格的行数,shape[1]返回表格的列数
#print(data.shape[0])
```

结果如下：

	Num	Name	Id	Area	People	GDP
0	1	北京市	110000	16309.9	1115.70	10000.0
1	2	天津市	120000	11636.9	852.85	NaN
2	3	河北省	130000	187411.4	6150.81	7000.0
3	4	山西省	140000	157057.8	2982.18	NaN

数据分析是采用适当的方法，将收集的数据加以汇总和理解并消化，提取有用信息，以求最大化地开发数据的功能，发挥数据的作用。大多数情况下，我们获取到的原始数据往往存在格式不一致，具有异常值、缺失值和重复值等问题。结果中GDP列中有空值打印就会显示NaN（Not a Number，计算机科学中数值数据类型的一类值，表示未定义或不可表示的值）。接下来我们使用dropna()函数与参数axis可以实现删除带有空值的数据行，在默认情况下，axis=0来按行处理，这意味着如果某一行中存在NaN值将会删除整行数据（例12-10）。

例12-10

```
import pandas as pd
data = pd.read_csv(r'D:/Data/test.csv',encoding = 'ANSI')
print(data.dropna())
```

结果如下：

	Num	Name	Id	Area	People	GDP
0	1	北京市	110000	16309.9	1115.70	10000.0
2	3	河北省	130000	187411.4	6150.81	7000.0

12.3 Matplotlib

Matplotlib是Python里面专门用来画图的库，它可以把我们的数据进行可视化，从而更直观地呈现数据。

12.3.1 画布设计

如同我们在纸上画图要有空白的纸，计算机里面空白的绘图区域称为"画布"

（Canvas）。使用 plt.figure()创建一个新的画布（例12-11）。figure 函数有两个最常用的参数 figsize 和 dpi，前者是用来设置画布的大小，单位为英寸；后者为分辨率，即每英寸多少个像素，默认值为80。

例 12-11

```
import matplotlib.pyplot as plt
#fig = plt.figure()
fig = plt.figure(figsize=(20,20),dpi=100)
plt.show()
```

结果如下：

图12.1 空白画布窗口结果

我们创建的画布中可以新增子区域，用来做一些子图，也称为"图中图"。add_axes 和 add_subplot 都可以添加子图，使用 add_axes 指定一个特定数值范围的绘图区域进行绘图（例12-12）。

例 12-12

```
import matplotlib.pyplot as plt

y = [1, 4, 9, 16, 25,36,49, 64]
x = [1, 16, 30, 42,55, 68, 77,88]
fig = plt.figure()    #添加画布
```

```
ax = fig.add_axes([0,0,1,1])     #add_axes(rect)将轴定位在 Canvas 上的绝对坐标中,
其中 rect 由四个元素组成[left, bottom, width, height],前两个元素表示绘制的 axes
的左下角的起始坐标,后两个元素分别表示其宽度和高度
ax.plot(x,y,'rs-')    #绘制折线图,使用简写的形式 color/标记符/线型
plt.show()
```

结果如下:

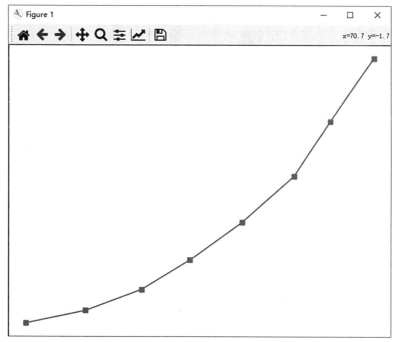

图 12.2　axes 类绘制折线图

在大多数情况下,add_subplot 是绘制子图的首选方法。创建 subplot 对象可以使用
subplot 和 subplots 两个方法。使用 subplot 方法实现划分的就要用到 add_subplot()函数。
例如 add_subpolt(2,3,1)或者 add_subpolt(231),参数中的逗号可省略,它表示在当前画布上
创建一个两行三列的绘图的窗口,同时选择在第 1 个位置绘制图像(例 12-13)。

例 12-13

```
import numpy as np
import matplotlib.pyplot as plt

fig  =plt.figure()
```

```
ax1=fig.add_subplot(2,3,1)
ax1.bar(np.arange(0,10),np.random.rand(10))
plt.show()
```

结果如下：

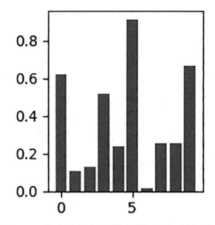

图 12.3 选中的绘图区域绘图，直方图为例

Matplotlib 在绘图的时候自动在 subplot 周围设置间距，而且间距会根据所绘制图像的变化而变化，但是我们有时有特殊的需求，需要改变默认间距，就要用到 figure 的 subplots_adjust()方法。该方法中的参数 wspace 和 hspace 负责控制高度与宽度的百分比，从而控制 subplots 之间的间距（例 12-14）。

例 12-14

```
import numpy as np
import matplotlib.pyplot as plt

fig,ax=plt.subplots(2,3,sharex=True,sharey=True)
ax[0][2].scatter(np.arange(5),np.random.randn(5))
plt.subplots_adjust(wspace=0,hspace=0)  #宽度内边距和高度内边距
plt.show()
```

运行结果：

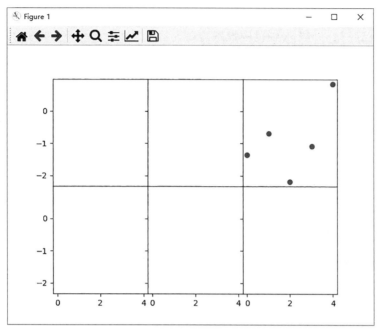

图12.4 设置绘图区域的间距等

最后，我们使用plt.savefig()方法可以将我们当前绘制的图表保存下来，以下代码将其保存为png格式的图片。其中参数最常用的是dpi和bbox_inches，前者控制输出图表的像素，后者可以裁剪周围的空白部分使图表完整地输出。

plt.savefig("savefig.png", dpi = 750, bbox_inches = 'tight')

☞小提示：在使用plt.show()的时候会生成一张新的空白的画布。这时候再使用plt.savefig()就会导致保存下来的图片是plt.show()生成的新画布，输出的图像就是空白的。先写plt.savefig()，再写plt.show()可以实现图形的正常保存。

12.3.2 图形设置

使用Matplotlib库可以对图表进行更加细致的设置，得到更好的可视化效果。首先看刻度的设置。Matplotlib在绘图时会自动设置刻度，用户也可以自定义刻度。以修改X轴为例，使用xlim()、xticks()和xticklabes()方法来控制绘制图像的刻度范围、刻度位置和刻度标签。对Y轴也是同样的操作（例12-15）。

例12-15

```
import matplotlib.pyplot as plt
```

```
fig = plt.figure()

plt.xlim(0,5)          #把X轴范围设置为0~5
print(plt.xlim())      #打印X轴的范围
plt.show()
```

结果如下：

```
(0.0, 5.0)
```

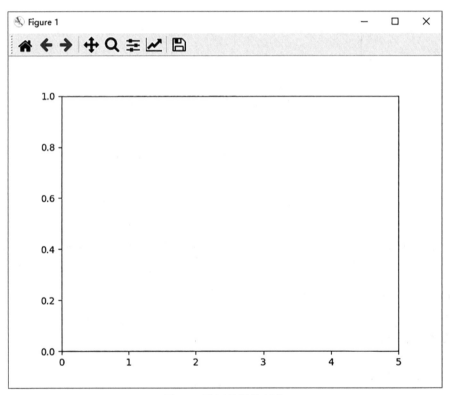

图 12.5 设置绘图的刻度

当我们使用plot()函数绘图的时候，还可以进一步设置修改绘图的颜色、线型、标记等（例12-16）。

例 12-16

```
import matplotlib.pyplot as plt
```

```
import numpy as np
x=np.arange(0,12,step=1)
y=x*x
#设置线条的颜色,color参数;设置标记,marker参数来设置标记
plt.plot(x,y, linestyle='-',color='r',marker='o')
plt.show()
```

结果如下：

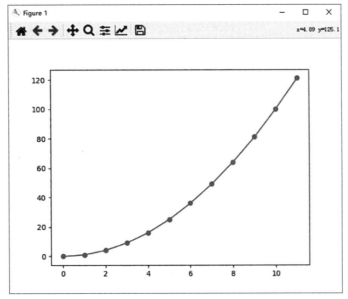

图12.6 使用marker参数来设置标记

图例(legend)是地图上各种符号和颜色所代表内容与指标的说明,有助于更好地认识地图,是地图重要的组成部分。使用图例之前,要给绘制的图像传入label参数,添加图例用legend()方法,其中参数loc表示图例的位置,选择best就可以自动选择最合适的位置放置图例,当然也可以根据自己的需求更改将图例放到其他位置(例12-17)。

例12-17

```
import numpy as np
import matplotlib.pyplot as plt


#使用numpy库生成两个三角函数
x = np.linspace(-np.pi, np.pi, 256, endpoint=True)
```

```
y = np.cos(x)
y1= np.sin(x)

#绘图
plt.plot(x,y,label='cos')
plt.plot(x,y1,label='sin')
plt.legend(loc='best')    #添加图例
plt.show()
```

结果如下:

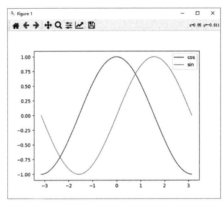

图 12.7 给绘图添加图例

12.3.3 图表类型

Matplotlib库的目的是将数据分析的结果可视化,因此如何为数据选择合适的图表类型是一项基本技能。下面我们介绍平面图和三维图的绘制方法(例12-18)。

平面图的类型有很多,例如:折线图、直方图、柱状图(也叫条形图)、饼图、散点图、箱线图。

例 12-18

```
import numpy as np
import pandas as pd
import matplotlib.pyplot as plt
```

```
#绘制折线图
fig = plt.figure(figsize = (10,8),dpi = 90)
x = [1, 2, 3, 4, 5, 6, 7, 8]
y = [1, 4, 9, 16, 25,36,49, 64]
ax1 = fig.add_subplot(2,3,1)
ax1.plot(x,y,'rs-')


#绘制直方图
n_bins = 10
x2 = np.random.randn(50, 1)
ax2 = fig.add_subplot(2,3,2)
ax2.hist(x2,n_bins,histtype = 'bar',color = 'blue')


#绘制条形图
ax3 = fig.add_subplot(2,3,3)
ax3.bar(np.arange(0,10),np.arange(0,10))


#绘制扇形图
langs = ['C', 'C++', 'Java', 'Python', 'PHP']
students = [23,17,35,29,12]
ax4 = fig.add_subplot(2,3,4)
ax4.pie(students, labels = langs,autopct = '%1.2f%%')


#绘制点状图
ax5 = fig.add_subplot(2,3,5)
ax5.scatter(x,y)


#绘制箱线图
ax6 = fig.add_subplot(2,3,6)
df = pd.read_excel('D:/Data/boxplot_data.xlsx', 'Sheet1')
ax6.boxplot(df['Age'])


plt.show()
```

结果如下：

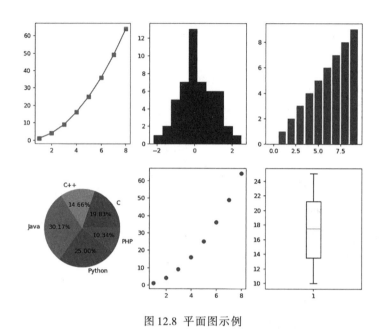

图 12.8 平面图示例

Matplotlib 绘制 3D 图像主要通过 mpl_toolkits.mplot3d 模块实现，但由于三维图像实际上是在二维画布上展示，因此同样需要载入 pyplot 模块（mpl_toolkits.mplot3d 这个模块不需要另外安装，matplotlib 中已自带）。可以实现三维散点图，线图和曲面图的绘制（例 12-19）。

例 12-19

```
import matplotlib.pyplot as plt
import numpy as np
import pandas as pd
plt.rcParams["font.sans-serif"] = ["SimHei"] #设置字体
plt.rcParams["axes.unicode_minus"] = False #正常显示负号


fig = plt.figure(figsize = (10,8),dpi = 90)
# 绘制 3D 散点图
data1 = pd.read_csv(r'D:/Data/mydata.csv')  #读取数据
x = data1['lon'].values   #选取 xyz 数据
y = data1['lat'].values
z = data1['num'].values
```

```
ax1 = fig.add_subplot(121,projection = '3d')
ax1.scatter(x,y,z,alpha = 0.3,color = 'r')  #绘图


#绘制 3D 曲面图
x = np.arange(-10, 11, 1)
y = np.arange(-10, 11, 1)
X, Y = np.meshgrid(x, y)#网格的创建,生成二维数组
Z=X**2+Y**2#得到 xy 对应的 z
#设置 xy 轴的标签
plt.xlabel('x')
plt.ylabel('y')
ax2 = fig.add_subplot(122,projection = '3d')
ax2.plot_surface(X,Y,Z,rstride = 1, cstride = 1, cmap = 'rainbow')  #绘图并展示


plt.show()
```

结果如下:

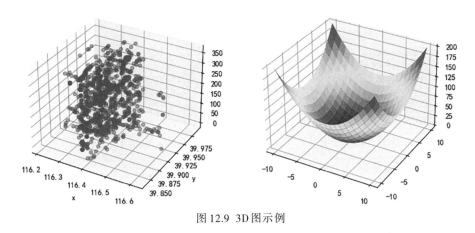

图 12.9　3D 图示例

图 12.9 左图绘制的 3D 散点图能够展示数据在三维场景下的密集程度;图 12.9 右图绘制的 3D 曲面图能够较好地展示数据在三维场景下的情形。

12.4　案例分析

通过以上的介绍我们掌握了一些绘图的基本操作,接下来我们利用 Python 数据处理三剑客,研究 PM2.5 浓度的分布情况。数据来源于 Kaggle,它是一个数据建模和数据分析

竞赛的平台(网址:https://www.kaggle.com/datasets/uciml/pm25-data-for-five-chinese-cities)。数据是2010年1月1日到2015年12月31日北京部分站点的监测数据,其中包括年份、月份、日期、小时、季节、站点监测的PM2.5浓度(ug/m³)、露点(在固定气压之下,空气中所含的气态水达到饱和而凝结成液态水所需要降至的温度,℃)、温度(℃)、湿度(%)、气压(hPa)组合风向、累计风速(m/s)、降水量/时(mm)、累计降水量(mm),如图12.20所示。

	A	B	C	D	E	F	G	H	I	J	K	L
1	No	year	month	day	hour	season	M_Dong	Dongsi	rongzha	M_US Pc	DEWP	HUMI
2	1	2010	1	1	0	4	NA	NA	NA	NA	-21	43
3	2	2010	1	1	1	4	NA	NA	NA	NA	-21	47
4	3	2010	1	1	2	4	NA	NA	NA	NA	-21	43
5	4	2010	1	1	3	4	NA	NA	NA	NA	-21	55
6	5	2010	1	1	4	4	NA	NA	NA	NA	-20	51
7	6	2010	1	1	5	4	NA	NA	NA	NA	-19	47
8	7	2010	1	1	6	4	NA	NA	NA	NA	-19	44
9	8	2010	1	1	7	4	NA	NA	NA	NA	-19	44
10	9	2010	1	1	8	4	NA	NA	NA	NA	-19	44
11	10	2010	1	1	9	4	NA	NA	NA	NA	-20	37
12	11	2010	1	1	10	4	NA	NA	NA	NA	-19	37
13	12	2010	1	1	11	4	NA	NA	NA	NA	-18	35
14	13	2010	1	1	12	4	NA	NA	NA	NA	-18	32
15	14	2010	1	1	13	4	NA	NA	NA	NA	-18	30

图 12.10 站点监测数据

使用所给数据绘制中国三个站点的 PM 对比折线图,使用时间戳和 PeriodIndex 函数把分开时间字符连接起来;set_index 可以设置索引;resample 函数可以把数据的频率降低或提高,选择合适的间隔作图(例12-20)。

例 12-20

```
import numpy as np
import pandas as pd
from matplotlib import  pyplot as plt


#数据分析和可视化
def figure(df):
    period = pd. PeriodIndex(year = df["year"], month = df["month"], day = df
["day"], hour = df["hour"], freq = "H") # 把分开的时间通过periodIndex连接起来
    df["datatime"] = pd. DataFrame(np. array(period)) #把合并的时间转换成为
DataFrame,并写进数据表里
    df.set_index("datatime", inplace=True) #把 datetime 设置为索引
    df = df.resample("7D").mean()  #间隔改为7天,取平均值
    data = df["PM_Dongsi"].dropna()  #处理缺失数据
    data1 = df["PM_Dongsihuan"].dropna()
```

```
data2 = df["PM_Nongzhanguan"].dropna()

x = data.index #选取索引

x1 = data1.index

x2 = data2.index

y = data.values #选取数据

y1 = data1.values

y2 = data2.values


#绘图

plt.figure(figsize = (20,8),dpi = 90) #设置画布

plt.plot(range(len(x)),y,label = "Dongsi",alpha = 0.7) #绘制折线图

plt.plot(range(len(x1)),y1,label = "Dongsihuan",alpha = 0.7)

plt.plot(range(len(x2)),y2,label = "Nongzhanguan",alpha = 0.7)

plt.xticks(range(0,len(x),10),list(x)[::10],rotation = 30,fontsize = 15)

plt.yticks(fontsize = 15)

plt.title("Three posts of China_PM",fontsize = 15) #标题

 plt.legend(loc = "upper left",fontsize = 13) #图例

 plt.show()


if __name__ == '__main__':

 df = pd.read_csv(r'D:/Data/BeijingPM20100101_20151231.csv')

 figure(df)
```

结果如下：

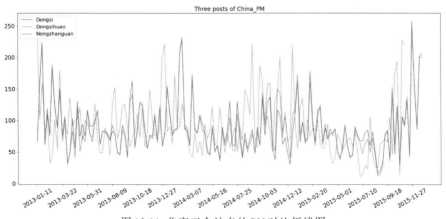

图12.11 北京三个站点的 PM 对比折线图

通过绘制的折线图可以看出每个站点在春季 1~3 月 PM2.5 的浓度偏高。

12.5 总结

数据处理和可视化是数据分析中的常规工作。数据的类型五花八门,处理的方法和步骤也不一样,Python 为我们提供了 Numpy 和 Pandas 这两个优质的第三方库。此外,借助 Matplotlib 进行可视化,可以更直观地呈现数据,使分析更具有说服力。总之,Numpy 提供了强大的科学计算、Pandas 用于数据分析、Matplotlib 负责数据可视化,三者并称为 Python 数据分析界的"三剑客"。通过本章的学习,我们掌握了 Numpy、Pandas、Matplotlib 这几个库的一些基本操作,为进行更加复杂的数据分析打下基础。

第13章　互联网和信息提取

互联网改变了我们的生活和信息获取的模式,我们的生活和资讯的获取已经离不开互联网。随着互联网的进一步深入应用,非结构化数据(文本文件和HTML文件)要比结构化数据(表单数据和空间数据)多得多,非结构化数据也广泛地存在于生活和学习中。如何利用Python来实现网页信息内容的搜索、定位、提取,挖掘互联网数据的价值,是逻辑比较复杂的工作。为了解决上述问题,本章节首先介绍了网页设计的基础技术,然后借助正则表达式、XPath和CSS标签选择器,实现非结构化信息的解析,获取网页信息。

13.1 互联网和网页基础

WWW是万维网(World Wide Web)的简称,也称为Web、3W。Web的本义是蜘蛛网和网,在网页设计中称为网页。网页信息内容丰富,可以包含文字、图像、声音、视频等(图13.1)。根据是否有程序代码和交互性,网页分为静态网页和动态网页:静态网页的所有内容包含在网页文件里面,每个网页文件拥有一个固定的URL(Uniform Resource Locator,统一资源定位器),保存在网站服务器上;动态网页显示的内容可以随着时间、环境或者数据库操作的结果而发生改变,可以用来实现交互。

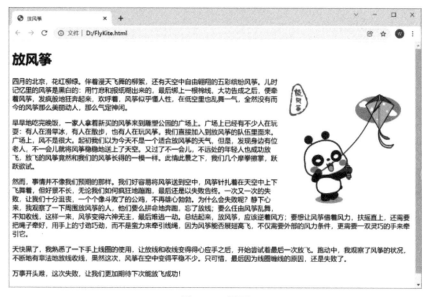

图 13.1　网页

为了获取互联网上的海量信息,我们需要了解 HTML(HyperText Markup Language)、CSS(Cascading Style Sheets)和 JavaScript 三种基本网页技术。

13.1.1 HTML

WWW 服务器通过超文本标记语言(HTML)把信息组织成为图文并茂的超文本。在网页中 HTML 专门用来负责网页的结构和内容,通过标签的介绍和格式的管理,完成图文并茂的网页的设计。静态网页通常不可交互,每个网页都是一个独立的文件,通过成对的标签来把我们的信息规范化、标准化,设计的网页以 .htm、.html、.shtml 等常见形式为后缀,保存在网站服务器上,并在万维网上发布,让浏览器识别。在网页中 HTML 专门用来负责网页的结构和内容,所以在使用 html 标签时,应该关注的是标签的语义,而不是它的样式。常用的标签有标题标签、段落标签、表格标签、超链接标签和图片标签等。

例如,图片标签 <img> 定义 HTML 页面中的图像,作用是为被引用的图像创建占位符。<img> 标签有两个必需的属性:src 和 alt。src = "图片位置",图片位置可以使用相对路径,也可以使用绝对路径。图片并不会插入 HTML 页面中,而是链接到 HTML 页面上。alt = "描述",当图片无法正确显示,对图片加以描述。例如:

```
<img src = "fly.jpg"  alt = "风筝" />
```

除了必需的属性,还可以设置提示,设置宽和高,设置边框等,例如:

```
<img src = "D:/Data/fly.jpg " alt = "风筝" title = "放风筝" width = "50%"
height = "50%" border = "3px" >
```

13.1.2 CSS

网站开发中,将内容和样式分开来维护,将极大地提高开发的效率,因为如果将字体和颜色等样式信息添加到每个页面中,这将是一个费时且费力的过程。开发人员可以利用 CSS 技术解决这个问题,通过创建样式表来对多个 Web 网页统一样式。有三种使用样式的方法:行内 CSS、内部 CSS、外部 CSS。

行内样式(也称内联样式)可用于为单个元素应用唯一的样式。如须使用行内样式,请将 style 属性添加到相关元素里面。style 属性可包含任何 CSS 属性。CSS 的语法由两部分组成:选择器和一条或多条声明块。选择器指向您需要设置样式的 HTML 元素;声明块包含一条或多条用分号分隔的声明;每条声明都包含一个 CSS 属性名称和一个值,以冒号分隔;多条 CSS 声明用分号分隔,声明块用花括号括起来(例 13-1)。

例 13-1

```
<!DOCTYPE html>
<html>
<head>
</head>
<body>
<h1 style="color:red;text-align:lift;">Myhead</h1>
<p style="color:blue;">Myparagraph.</p>
</body>
</html>
```

内部 CSS 是通过使用内部样式表来设定网页样式。如果一张 HTML 页面拥有唯一的样式或只有一个网页,那么可以使用内部样式表。内部样式是在 head 部分的<style>元素中进行定义(例 13-2)。

例 13-2

```
<!DOCTYPE html>
<html>
<head>
<style>
body {
    margin:0px;
    padding:0px;
    height:100%;
    overflow:hidden;
}

h1 {
    color: yellow;
    margin-left: 40px;
```

```
    }
    </style>
    </head>
    <body>
    <h1>Myhead</h1>
    <p>Myparagraph.</p>
    </body>
    </html>
```

外部 CSS 通过使用外部样式表来设定网页样式。在每张 HTML 页面的 head 部分的 <link>元素内添加对外部样式表文件的引用(例 13-3)。

例 13-3

```
    <!DOCTYPE html>
    <html>
    <head>
    <link rel = "stylesheet" type = "text/css" href = "style.css">
    </head>
    <body>
    <h1>Myhead</h1>
    <p>Myparagraph.</p>
    </body>
    </html>
```

13.1.3 JavaScript

和 Python 一样,JavaScript(JS)也是一种脚本语言,通常用来提高网页与用户的交互性。JS 的优势非常突出:具有良好的交互性;具有一定的安全性;具有跨平台性,只要有浏览器的地方都能执行 JS,它是嵌入 HTML 文档中的程序,通过服务端(Server)向客户端(Client)分发。JS 有它自身的语法、数据类型、表达式、算术运算符等。JavaScript 脚本代码可以放在 HTML 中,也可以单独存放。

13.1.3.1　内部 JS

JavaScript 脚本代码可以放在 HTML 中，HTML 中的 JavaScript 脚本代码必须位于
<script>与</script>标签之间（例 13-4）。

例 13-4

```html
<!DOCTYPE html>
<html lang="en">
<head>
    <meta charset="UTF-8">
</head>
<body>
    <h1>我的第一个页面</h1>
    <p>我的第一个段落。</p>
    <script>
        window.alert("This is a dynamic page!");
    </script>
</body>
</html>
```

13.1.3.2　外部 JS

我们也可以将上面的 JS 语句放到一个单独的脚本文件，例如保存到外部文件
myScript.js，外部 JavaScript 文件的文件扩展名是 .js，外部文件通常包含被多个网页使用的
代码。如须使用外部文件，在<script>标签的"src"属性中设置该 .js 文件即可（例 13-5）。

例 13-5

```html
<!DOCTYPE html>
<html lang="en">
<head>
    <meta charset="UTF-8">
</head>
<body>
    <h1>我的第一个页面</h1>
    <p>我的第一个段落。</p>
    <script src="myScript.js">
```

```
    </script>
</body>
</html>
```

需要注意的是不要同时通过一个script标签引入JS代码和JS文件,会导致代码不被执行。

13.2 正则表达式

网页中存在着大量的非结构化信息,提取这些信息,需要遵循一定的法则。接下来,我们将介绍正则法则和正则匹配。正则法则和正则匹配在需要大量文本处理的应用中有着广泛的使用,可以基于模式匹配,查找特定的文本。正则表达式(英文名称:Regular Expression,RE)是用来简洁表达一组字符串特征的表达式。在Python中需要通过正则表达式对字符串进行匹配的时候,可以使用一个自带的模块,名字为re。

13.2.1 正则模式

模式(Pattern)就是一种规则,正则模式可以理解为将字符串转换为正则表达式对象,继而进行正则匹配,提高匹配的效率。re模块提供了re.compile()函数,将正则表达式的字符串形式生成一个Pattern对象,供正则匹配的函数使用。该函数可以完成一次转换之后,再次使用模式的时候就不用重复转换。它的一般使用形式如下:

```
compile(pattern [, flags])
```

其中,Pattern指定编译时的表达式字符串,flags是一个可选参数,表示匹配模式,比如忽略大小写、多行模式等。下面我们使用正则表达式,实现一个用户密码的数字识别功能(例13-6)。

例13-6

```
import re
pwd = "He123llo4"
p = re.compile(r'\d')
print(re.findall(p,pwd))
```

运行结果:

```
['1', '2', '3', '4']
```

在上面的例子中,利用re.compile()函数生成一个Pattern对象,通过Pattern对象提供的一系列方法对文本进行匹配查找,获得匹配结果。Pattern不能直接实例化,它必须用re.compile()来进行构造,一个Pattern对象就是一个编译好的正则表达式。有了正则模式,就可以使用正则匹配提供的方法进行匹配操作。下面,我们学习正则匹配的方法。

13.2.2 正则法则

正则法则是由一系列字符和特殊符号构成的字符串。它们可以非常简单,仅由普通的字符串组成(普通字符),也可以非常复杂,往往用特殊的字符来表示某个范围内的字符、重复出现的字符或特定的上下文(元字符)。普通字符也称为原义(正常)文本字符,表示自身的字面含义(表13.1)。

表13.1 普通字符

普通字符	说明	表达式实例	实例匹配的字符串
一般字符	匹配自身	abc	abc

元字符是指在正则表达式中具有特殊意义的专用字符。不同于普通字符,元字符需要记住其编码的含义。为了便于对于元字符的学习,我们将元字符分为以下几种类型:基本元字符、数字元字符、位置元字符和特殊元字符。下面我们分别介绍这几种类型的元字符,并给出应用的实例(表13.2)。

表13.2 元字符

类型	符号	说明	表达式实例	实例匹配
基本元字符	.	匹配任意单个字符	a.c	aac/abc/acc
基本元字符	|	逻辑或操作符	ab|cd	ab/cd
数字元字符	*	匹配前一个字符零次或多次	abc*	ab/abc/abcccc
数字元字符	+	匹配前一个字符一次或多次	abc+	abc/abcccc
数字元字符	?	匹配前一个字符零次或一次	abc?	ab/abc
位置元字符	^	行首,注意与[^]区别	^abc	abc
位置元字符	$	行尾	abc$	abc
位置元字符	\A	字符串开始位置	\Aabc	abc
位置元字符	\Z	字符串结束位置	Abc\Z	abc
特殊元字符	\d	匹配任意一个数字字符,等价于[0~9]	a\dc	a1c/a0c/a2c
特殊元字符	\D	/d的反义,匹配任意一个非数字字符	a\Dc	abc/adc/aec

续表

类型	符号	说明	表达式实例	实例匹配
特殊元字符	\s	匹配一个空白字符	a\sb	a b/a b
特殊元字符	\S	匹配非空白字符、/s的反义	a\Sc	abc/abbc

Python通过re模块将正则表达式嵌入Python中,使Python语言拥有全部的正则表达式功能。接下来,我们学习Python的正则模式和正则匹配的相关函数。

13.2.3　正则匹配

正则匹配就是采用一个用正则表达式所规定的模式(正则模式)来对字符串进行匹配操作的工作。Re提供了诸多的正则匹配的方法(表13.3),这里介绍几种常用的方法:findall、match、search和sub方法。

表13.3　常用的re方法

匹配函数	描述
re.findall(pattern,string[,flags])或findall(string[,pos[,endpos]])	找到正则表达式所匹配的所有模式,返回一个列表,如果没有匹配,则返回空列表
re.match(pattern,string[,flags])或match(string[,pos[,endpos]])	从字符串的初始进行匹配,返回match对象或none
re.search(pattern,string[,flags])或search(string[,pos[,endpos]])	搜索全部字符串并返回字符串里第一个成功的匹配对象
re.sub(pattern,repl,string[,count,flags])或sub(repl,string[,count=0])	替换字符串中相匹配的
re.split(pattern,string[,maxsplit=0, flags=0])或split(string[,maxsplit=0])	根据匹配的子串将字符串进行分割然后返回列表

其中,函数参数pattern为正则表达式;参数string为字符串;pos和endpos是可选参数,指定字符串的起始和终点位置,默认值分别是0和len(字符串长度);repl是要替换的字符串;count是可选参数,代表替换的最大次数,要求为非负整数,默认值为0;maxsplit参数代表分割次数,默认值为0;参数flags为标志位,用于控制正则表达式的匹配方式,默认值为0。

上面的正则匹配方法都提供了两种语法模式:一种是直接使用正则模块里面的函数,例如re.findall(pattern,string[,flags]);另外一种是借助生成的正则模式进行匹配,例如findall(string[,pos[,endpos]])。采用两种方式都可以进行字符匹配,后面一种方式可以指定读取位置,有更大的灵活性。

13.2.3.1　findall方法

该方法在字符串找到正则表达式所匹配的所有子串,并返回一个列表,如果没有找到匹配的,则返回空列表(例13-7)。

例 13-7

```
import re
pwd = "He123llo4"
p = re.compile(r'\d')
#以列表形式返回所有匹配的子串
print(re.findall('[0-9]',pwd))    #不使用 pattern 模式对字符串直接查找
print(re.findall(p,pwd))          #使用 pattern 模式及 re.findall()语法
print(p.findall(pwd))             #使用 pattern 模式及 findall()语法
print(p.findall(pwd,0,5))         #指定字符串的起始和终点位置进行匹配
```

结果如下：

```
['1', '2', '3', '4']
['1', '2', '3', '4']
['1', '2', '3', '4']
['1', '2', '3']
```

13.2.3.2 match方法

该方法尝试从字符串的起始位置匹配一个模式,如果不是起始位置匹配成功的话,返回 none(例13-8)。

例 13-8

```
import re
pwd = "He123llo4"
p1 = re.compile('He')
p2 = re.compile('llo')
#从字符串的初始进行匹配,返回匹配对象或 none
print(re.match(p1, pwd).span())    #re.match()语法,span()返回匹配位置的元组
print(re.match(p2, pwd))           #re.match()语法
print(p1.match(pwd).span())        #match()语法,span()返回匹配位置的元组
print(p2.match(pwd))               #match()语法
```

结果如下：

```
(0, 2)
None
(0, 2)
None
```

match方法用于查找字符串的头部（也可以指定起始位置），它是一次匹配，只要找到了一个匹配的结果就返回，而不是查找所有匹配的结果。由于在语法中pos和endpos是可选参数，指定字符串的起始和终点位置，默认值分别为0和len（字符串长度）。因此，当你不指定pos和endpos时，match方法默认匹配字符串的头部。

13.2.3.3 search方法

该方法扫描整个字符串并返回第一个成功的匹配，匹配成功返回一个匹配的对象，否则返回None（例13-9）。

例13-9

```
import re
pwd = "He123llo4"
p1 = re.compile('He')
p2 = re.compile('llo')
#搜索全部字符串并返回字符串里第一个成功的匹配对象
print(re.search(p1, pwd).span())    #re.search()语法,span()返回匹配位置的元组
print(re.search(p2, pwd).span())    #re.search()语法,span()返回匹配位置的元组
print(p1.search(pwd).span())        #search()语法,span()返回匹配位置的元组
print(p2.search(pwd).span())        #search()语法,span()返回匹配位置的元组
```

结果如下：

```
(0, 2)
(5, 8)
(0, 2)
(5, 8)
```

在上面的例子中,使用search方法用于查找字符串的任何位置,它也是一次匹配,只要找到了一个匹配的结果就返回,而不是查找所有匹配的结果。

☞小提示:match和search方法都是一次匹配,findall方法是获得所有匹配的结果。

13.2.3.4 sub方法

该方法用于替换字符串中的匹配项(例13-10)。

例13-10

```
import re
pwd = "He123llo4"
p1 = re.compile(r'[a-z]')
p2 = re.compile(r'[A-Z]')
#用*替换字符串中相匹配项
match1 = re.sub(p1, '*', pwd)      #re.sub()语法,替换字符串中小写字母
match2 = re.sub(p2, '*', pwd)      #re.sub()语法,替换字符串中大写字母
print(match1)
print(match2)


match3 = p1.sub('*', pwd)    #sub()语法,替换字符串中小写字母
match4 = p2.sub('*', pwd)    #sub()语法,替换字符串中大写字母
print(match3)
print(match4)
```

结果如下:

```
H*123***4
*e123llo4
H*123***4
*e123llo4
```

正则表达式具有灵活性、逻辑性和功能性非常强的特点,同时它还可以迅速地用简单的方式达到字符串的复杂控制。对于初学者来说,掌握该技术需要多实践。

13.3 XPath 和 CSS 选择器

面对互联网上的非结构化信息,如何从中获取有用的资讯是计算机常见工作之一。特定的网页内容,可以通过标签选择器来解析。借助 Scrapy 第三方包中的 Selector(选择器)可以方便地进行网页标签的选择,实现对文本信息的提取。Selector 是基于 lxml 来构建的,支持 XPath 选择器、CSS 选择器及正则表达式,功能全面,解析速度和准确度非常高(图 13.3)。利用 Selector 创建了一个选择器对象 selector,只需一句代码。

```
from scrapy import Selector
```

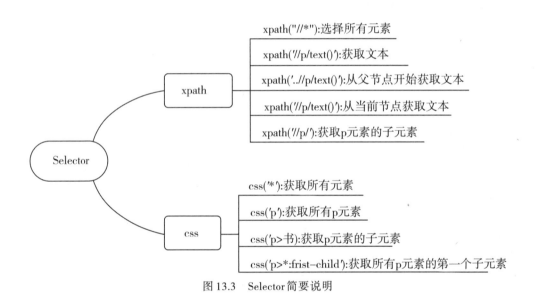

图 13.3 Selector 简要说明

13.3.1 XML

互联网上有着各种信息,前面我们介绍了 HTML 语言,这里我们再了解一下 XML 语言。XML 全名为可扩展标记语言(Extensible Markup Language, XML),是用来标记数据、定义数据类型,是一种允许用户对自己的标记语言进行定义的源语言。XML 文件格式是纯文本格式,在许多方面类似 HTML。XML 由 XML 元素组成,每个 XML 元素包括一个开始标记<>、一个结束标记<>及两个标记之间的内容。XML 文档是被作为节点树来对待的。树的根被称为文档节点或者根节点。XML 与 HTML 的差别在于前者被设计用来传输和存储数据,后者旨在显示信息。

```
<?xml version="1.0" encoding = "UTF-8"?>


<class>


<student>
<name lang = "en">xiao ming</name >
<number>12345678</number>
<age>18</age>
<id>12</id>
</student>


<student>
<name lang = "en">xiao liang</name >
<number>87654321</number>
<age>18</age>
<id>13</id>
</student>


</class>
```

在这个XML(Myxml.xml)中<class>为文档的根节点,第一个节点<student>是<name>、<number>、<age>、<id>的父节点,<name>、<number>、<age>、<id>也是<student>的子节点,同时<name>、<number>、<age>、<id>互为同胞节点。其中,<name lang="en">里,其"lang"的意思就是"language",语言的意思,而"en"即表示English,即语言为英文,网页中显示为英文,将自动翻译为中文。如果需要输入中文,需要将"en"改为"zh-CN",即<name lang="zh-CN">。上述案例中,XML转为HTML(例13-11)。

例13-11

```
<meta http-equiv="Content-Type" content="text/html; charset=utf-8" />
<table border="2" cellspacing="0" cellpadding="10">
<caption>class</caption>
<tr>
<th>name</th><th>number</th><th>age</th><th>id</th>
```

```
</tr>
<tr>
<td>xiao  ming</td><td>12345678</td><td>18</td><td>12</td>
</tr>
<tr>
<td>xiao  liang</td><td>87654321</td><td>18</td><td>13</td>
</tr>
</table>
```

输出网页结果为：

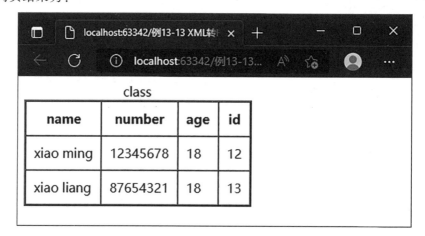

图 13.4　XML 转 HTML 结果

13.3.2　选择器

通过页面结构访问网页元素的技术有很多，前面我们介绍了正则表达式，接下来将介绍两种选择器：XPath 和 CSS 选择器。

XPath，即为 XML 路径语言（XML Path Language），它是基于 XML 的树状结构，可以在 HTML 文档和 XML 文档中对元素和属性进行遍历。XPath 使用路径表达式来选取 XML 文档中的节点或节点集。节点是通过沿着路径（path）或者步（steps）来选取的。

CSS 选择器同样可以对 HTML 中的元素进行选择，修改元素的样式。常用的 CSS 选择器有元素选择器、类选择器、通用选择器、分组选择器等。例如，元素选择器根据元素名称来选择 HTML 元素，元素名称如 p、div、h 等。要选择元素，请直接写该元素的名称。如这段代码将运用于 h 和 p 的 HTML 元素：

```
h{
    font-size:26px;
}


p{
    font-size:18px;
    text-indent: 2em;
}
```

XPath 和 CSS 选择器各有优缺点。一般来说，XPath 更强大，但 CSS 更简洁，效率更快。XPath 在较为复杂的语法下也为元素定位提供了更多的选择，CSS 选择器的功能还是有一定的限制。通过 XPath 和 CSS 的一些常用语法（表13.4），我们可以快速准确地在 XML 文件和 HTML 文件中找到我们需要的内容。

表 13.4　CSS 和 XPath 常用语法

功能	CSS3 语法	XPath 语法
所有元素	*	//*
所有 P 元素	p	//p
所有 P 元素的子元素	P>*	//p/*
根据 ID 获取元素	#id	//*[@id='id']
根据 Class 获取元素	.class	//*[contains(@class,'class')]
拥有某个属性的元素	*[title]	//*[@title]
所有 P 元素的第一个子元素	p>*.first-child	//p/*[0]
拥有所有子元素 a 的 P 元素		//p[a]
下一个兄弟元素	P+*	//p/following-sibling::*[0]

13.3.3 提取网页信息

借助选择器来对非结构化数据的内容进行搜索、定位、提取，虽然这是逻辑比较复杂的处理技术，但是借助 Selector（选择器）可以较为便捷地实现对文本信息的提取。以案例 Myxml 为例，通过 XPath 和 CSS 选择 Myxml 文档的节点。

13.3.3.1 选择所有元素
选择 MyXml.xml 中所有元素，即为将 Xml 文档里所有元素进行选择（例13-12）。

例 13-12

```
#引用Selector选择器
from scrapy.selector import Selector
#打开网页文档
with open("Myxml.xml", "r")as fp:
    body = fp.read()
#XPath选择器
S1 = Selector(text = body).xpath('*').extract()
#CSS选择器
S2 = Selector(text = body).css('*').extract()
print(S1)
#print(S2)
```

结果如下：

```
运行: 例13-14 ×
D:\Python\Python38\python.exe D:/Data/例13-14.py
['<body><class>    \n \n<student>    \n<name lang="en">xiao ming</name>
    \n<number>12345678</number>    \n<age>18</age>    \n<id>12</id>    \n</student>
    \n    \n<student>    \n<name lang="en">xiao liang</name>
    \n<number>87654321</number>    \n<age>18</age>    \n<id>13</id>    \n</student>
    \n    \n</class></body>']

进程已结束，退出代码为 0
```

图 13.5 选择所有元素

☞小提示：通过 XPath 选择时，使用语法//*的选择结果会重复三遍，语法为*时能成功运行，且结果不会重复。

13.3.3.2 选择所有 student 元素

选择 Myxml.xml 中所有 student 元素，即为将 xml 文档里 student 标签中的所有元素进行选择，相比于所有元素选择少了 class，只保留了 student（例 13-13）。

例 13-13

```
from scrapy.selector import Selector
with open("Myxml.xml", "r")as fp:
```

```
    body = fp.read()
#XPath 选择器
S1 = Selector(text=body).xpath('//student').extract()
#CSS 选择器
S2 = Selector(text=body).css('student').extract()
print(S1)
#print(S2)
```

结果如下：

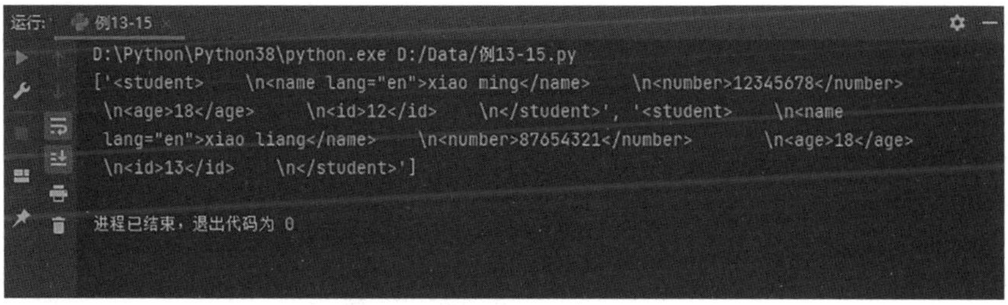

图13.6　选择所有student元素

13.3.3.3 选择所有student元素的子元素

选择Myxml.xml中所有student元素的子元素，只选择student里面的元素，把student的标签也剔除掉，只保留了里面的四个子元素（例13-14）。

例13-14

```
from scrapy.selector import Selector
with open("Myxml.xml", "r")as fp:
    body = fp.read()
#XPath 选择器
S1 = Selector(text=body).xpath('//student/*').extract()
#CSS 选择器
S2 = Selector(text=body).css('student>*').extract()
print(S1)
#print(S2)
```

结果如下：

图 13.7　选择所有 student 元素的子元素

13.3.3.4　选择所有 student 的第一个子元素

选择 Myxml.xml 中所有 student 的第一个子元素，在 student 的四个子元素中只保留了第一个元素 <name>（例 13-15）。

例 13-15

```python
from scrapy.selector import Selector
with open("Myxml.xml", "r")as fp:
    body = fp.read()
#XPath 选择器
S1 = Selector(text=body).xpath('//student/*[1]').extract()
#CSS 选择器
S2 = Selector(text=body).css('student>*:first-child').extract()
print(S1)
#print(S2)
```

结果如下：

图 13.8　选择所有 student 的第一个子元素

13.3.3.5　选择拥有子元素 age 的 student 元素

选择 Myxml.xml 中拥有子元素 age 的 student 元素，只有拥有 <age> 这个子元素的 student 元素会被选择（例 13-16）。

例 13-16

```
from  scrapy.selector  import  Selector
with  open("Myxml.xml",  "r")as  fp:
    body  =  fp.read()
S1  =  Selector(text=body).xpath('//student[age]').extract()
print(S1)
```

结果如下：

图 13.9　选择拥有子元素 age 的 student 元素

13.4　总结

随着互联网应用的深入，非结构化数据的体量远远超出了结构化数据的体量，成了重要的信息源。掌握网页信息技术是信息获取和处理的常见计算机工作之一。本章节，我们了解了互联网信息的标准和基本技术。利用 Python 工具来分析这些海量数据，挖掘这些数据的价值，是摆在我们面前的任务。为了快速方便地解决上述问题，我们介绍了选择器的技术（正则表达式，XPath 和 CSS）来获取网页信息。

13.5　本章习题

题 13.1：网页设计
设计一个网页，实现一个简单的交互功能：计算身体质量指数（图 13.9）。

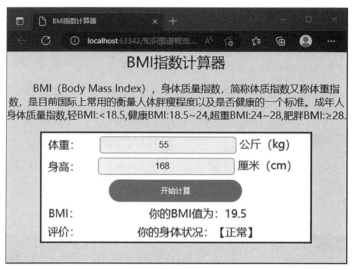

图 13.9　HTML交互网页

题 13.2：数字识别设计

利用正则表达式,设计一种数字识别的功能,要求用户输入任何字符,都能识别输入字符中的数字。

题 13.3：网页信息提取

借助正则表达式,对网页中的信息(图 13.10)进行提取。

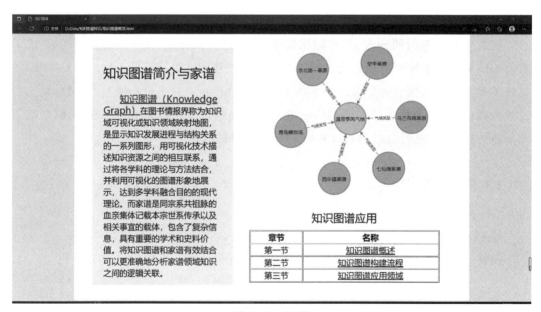

图 13.10　网页

第14章 网络爬虫实践

网络爬虫也称网络蜘蛛,是指按照某种规则在爬取网页内容(文字、图片、音频等信息)的脚本程序。通过网络爬虫技术,可以采集、处理、存储和操作网站中有用的信息。网络爬虫技术与大数据紧密相关,为数据获取的海量性和来源丰富性提供了技术支持。用户通过搜索引擎,输入关键词,进行信息检索,然而这种检索方式无法根据用户的目的进行信息的针对性筛选。例如,用户喜欢特定主题的电影,特定主题的资讯信息,而搜索的结果中很多是用户不感兴趣的信息。又例如,用户希望每天开机后,就能通过某种自动化的方法,打开感兴趣的新闻网页,语音播报新闻;自动连接邮箱,提示各种邮件的标题内容;还想知道墨迹天气上的信息。如何才能获取用户感兴趣的信息呢?可以采用网络爬虫技术。本章节,将借助网络爬虫的技术,实现百度百科网页的信息获取。

14.1 网络爬虫

众所周知,每个网页通常包含其他网页的入口,网络爬虫则通过一个网址依次进入其他网址获取所需内容。网络爬虫的过程很复杂,大体可以分为三个步骤:①向指定网页发出请求;②解析网页的内容;③储存网页的内容(图14.1)。为了降低网络爬虫工作的难度,提高效率,可以借助现成的第三方库。Python提供了诸多第三方库,如requests库、parsel库、scrapy库、selenium库等,它们都是被封装好的、可以直接调用的库,使用方便。接下来,我们以Scrapy库为例来介绍网络爬虫技术。

图14.1 网络爬虫过程示意图

14.2 Scrapy 爬虫框架

Scrapy是一个现成的应用程序框架,可以根据需求进行修改,抓取web站点并从网页中提取信息,广泛地应用于万维网的数据挖掘和自动化程序中。基于 Scrapy 框架,我们可以搭建网络爬虫框架,很简单实现一个爬虫,抓取指定网站的内容或图片,并且实现储存。

14.2.1 框架组成

Scrapy 爬虫框架由几大组件构成,它们的功能各异(图 14.2):Scrapy Engine(引擎)控制整个框架的流程;Schedule(调度器)负责维护网页队列;Downloader(下载器)发送请求,并将网页内容交付爬虫处理;Spiders(蜘蛛)解析网页并爬取网页数据;Item Pipeline(项目管道)负责清洗、验证、过滤和存储等操作;Middlewares(中间件)处理以上 5 大组件之间的请求响应。

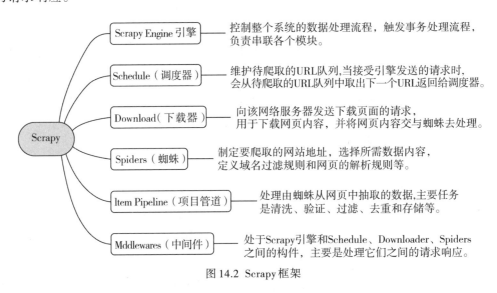

图 14.2 Scrapy 框架

14.2.2 虚拟环境

创建一个虚拟环境,安装 Python 解释器和 Scrapy 库。Scrapy 库存在一些依赖库的问题,推荐在 Anaconda 里,借助 conda 命令快速方便地搭建一个用于网络爬虫的虚拟环境,如下所示:

```
#利用conda创建虚拟环境
conda create --name myscrapy python=3.7


#激活环境
conda activate myscrapy
```

```
#pip安装scrapy库
pip install scrapy==2.6.2
```

14.2.3 搭建框架

创建虚拟环境之后,我们可以在DOS环境下,通过命令行快速搭建起一个简单的网络爬虫框架,命名为baikespider,如下所示:

```
#创建一个baikespider的文件夹
scrapy startproject baikespider

#进入baikespider的文件夹
cd baikespider

#命令行创建一个网络爬虫框架
scrapy genspider baike baike.baidu.com
```

上面scrapy startproject命令行创建了一个项目,也就是一个文件夹。接下来,cd命令进入该项目的目录里,运行scrapy genspider命令,创建一个网络爬虫框架(图14.3)。scrapy genspider命令有两个参数,第一个是爬虫名称,第二个是网站域名。

☞小提示:在创建爬虫项目的过程中,项目名称和爬虫名称不能相同。创建完成后,进入baikespider文件夹,可以看到网络爬虫框架已经建立起来(图14.4~图14.6)。

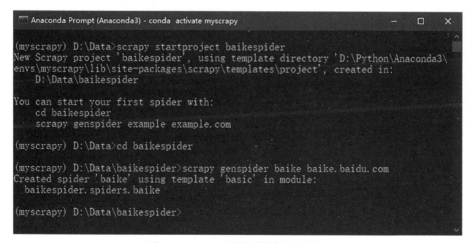

图14.3 在DOS环境下搭建爬虫框架

图 14.4 爬虫框架目录

名称	类型	大小
__pycache__	文件夹	
spiders	文件夹	
init.py	JetBrains PyChar...	0 KB
items.py	JetBrains PyChar...	1 KB
middlewares.py	JetBrains PyChar...	4 KB
pipelines.py	JetBrains PyChar...	1 KB
settings.py	JetBrains PyChar...	4 KB

图 14.5 baikespider 文件框架目录

名称	类型	大小
__pycache__	文件夹	
init.py	JetBrains PyChar...	1 KB
baike.py	JetBrains PyChar...	1 KB

图 14.6 spiders 文件框架目录

打开命令行创建的 baike.py 文件,可以看到已经初始化了一些代码,如下所示:

```python
import scrapy
class BaikeSpider(scrapy.Spider):
name="baike"
    allowed_domains=["baike.baidu.com"]
    start_urls=['http://baike.baidu.com/']

    def parse(self,response):
        pass
```

上面的代码都是框架自动生成的,其中 name 是项目的名字;allowed_domains 是网站的域名;start_urls 是一个 URL 列表,定义初始请求;parse 方法负责解析提取数据。

最后,我们再通过一句命令行来运行我们搭建的爬虫框架,如下所示:

```
#运行网络爬虫
scrapy crawl baike
```

可见,搭建一个爬虫框架,不需要写一行代码,只借助几条简单的命令行。搭建框架的步骤可以总结为:创建项目、创建爬虫、运行爬虫(图 14.7)。

图 14.7 Anaconda Prompt 下利用命令行搭建爬虫

14.3 百度百科爬虫实战

百度百科是百度公司推出的一部内容丰富的网络百科全书,其内容涵盖几乎所有领域。打开百度百科,搜索"艾山",网页界面如图 14.8 所示。接下来,我们使用网络爬虫技术获取百度百科"艾山"网页中的标题"艾山"、简介及附图,并保存信息。

图 14.8 查看网页

14.3.1 解析网页

在爬取网页之前,我们需要分析源代码的内容,根据网页结构从中提取出我们所需要的信息的结构特点,基于此特点提取我们所需信息。首先查看艾山的网页源代码,在浏览器中可点击鼠标右键检查打开开发者工具,或直接使用F12快捷键打开(图14.9)。

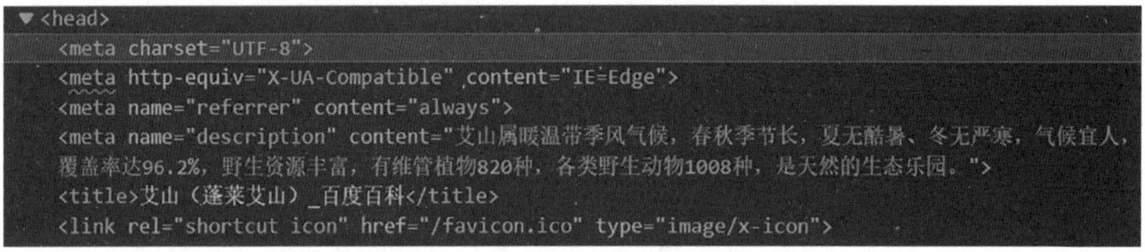

图14.9 标题位置源代码

观察网页结构,我们需要提取的标题,可在html标签下的head标签下的title标签里的文本中找到:可以使用"/html/head/title/text()"进行提取。观察段落所在位置,可以看到段落所在位置的属性均为para,根据这个特点,我们可使用xpath"//div[@class="para"]//text()"进行段落的提取(图14.10)。

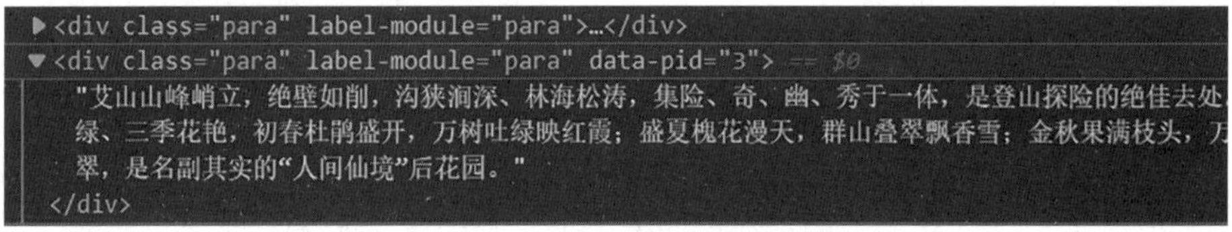

图14.10 段落位置源代码

在实际操作中,浏览器中的开发者工具中有元素选择工具,可以在网页中选择元素检查元素的源代码,定位到每个元素,便于观察元素的源代码及属性(图14.11)。

图14.11 选择元素检查

14.3.2 修改代码

搭建起爬虫框架后,我们还需要进一步修改其中的相关代码,才能实现网页上特定内容的选择和存储。

14.3.2.1 修改 baike.py

我们通过 XPath 规则,爬到符合条件的内容,代码修改如下:

```python
# -*- coding: utf-8 -*-
import scrapy
from scrapy import Selector


class BaikeSpider(scrapy.Spider):
    name = 'baike'
    allowed_domains = ['baike.baidu.com']
    start_urls = ['https://baike.baidu.com/item/艾山/13883751']


    def parse(self, response):
        Item = BaikeSpiderItem()
        Item['title'] = sel.xpath('/html/head/title/text()').extract()[0]
        Item['para'] = ''.join(sel.xpath('//div[@class="para"]//text()').extract()).replace
('\n', '')
        yield Item
```

14.3.2.2 修改 pipelines.py

在 pipelines.py 中,我们可以修改和增加一些方法,将获取的信息进行存贮。

方法一,在 process_item 函数中修改,将获取的文字信息保存为文本格式,如下所示:

```python
# -*- coding: utf-8 -*-
# Define your item pipelines here
# Don't forget to add your pipeline to the ITEM_PIPELINES setting

from scrapy import Request
from scrapy.exceptions import DropItem


class BaikeSpiderPipeline(object):
    def process_item(self, item, spider):
        with open('res.txt', 'a')as f:
            f.write(item['title'] + '\n')
```

```
        f.write(item['para'] + '\n')
    return item
```

方法二,保存为 Excel 表格,修改代码如下:

```
# -*- coding: utf-8 -*-
# Define your item pipelines here
# Don't forget to add your pipeline to the ITEM_PIPELINES setting


from scrapy import Request
from scrapy.exceptions import DropItem
import openpyxl


class BaikespiderPipeline(object):
    def __init__(self):
        self.wb = openpyxl.Workbook()    #新建工作簿
        self.ws = self.wb.active    #工作表 sheet
        self.ws.title = 'AISHAN'    #工作表名称
        self.ws.append(('标题','段落'))    #表头

    def close_spider(self,spider):    #当关闭爬虫的时候
        self.wb.save('艾山.xlsx')

    def process_item(self, item, spider):    #数据处理过程中
        title = item.get('title','')
        para = item.get('para','')
        self.ws.append((title,para))
        return item
```

14.3.2.3 修改 items.py

所有的 item 定义的数据结构都可以放到这里,类似一个表的表头。用户可以自己定义想要爬取的内容并建立相应表头,然后与前面通过 XPath 规则提取的信息形成一一对应的关系,如下所示:

```
import scrapy
class BaikeSpiderItem(scrapy.Item):
    title = scrapy.Field()    #页面名称
    para = scrapy.Field()     #段落
```

14.3.2.4 修改 settings.py

借助 settings.py,我们来管理储存地址和储存方式。修改 ROBOTSTXT_OBEY 的设置为 False,拒绝遵守 Robot 协议,该协议阻止我们访问网站的内容。

```
ROBOTSTXT_OBEY = False
```

启用管道文件,修改 settings.py 里的 item_pipelines 设置,如下所示:

```
ITEM_PIPELINES = {
    'baikespider.pipelines.BaikespiderPipeline': 300,
}
```

为防被禁止爬取信息,我们需要修改等待时间,修改 settings.py 里的 download_delay 设置,如下所示:

```
DOWNLOAD_DELAY = 1
```

14.3.3 运行爬虫

回到 cmd 里,运行如下命令以运行爬虫:

```
scrapy crawl baike
```

或者,新建一个 Python 文件作为启动文件,在该爬虫文件目录下,创建启动命令 .py (名字任意),写入代码如下:

```
# -*- coding:utf-8 -*-
from scrapy import cmdline
cmdline.execute(['scrapy', 'crawl', 'baike'])
```

运行创建启动命令文件，可以运行爬虫进行爬取。在资源管理器中查看结果，可以看到爬取的文本以txt形式保存（图14.12）。

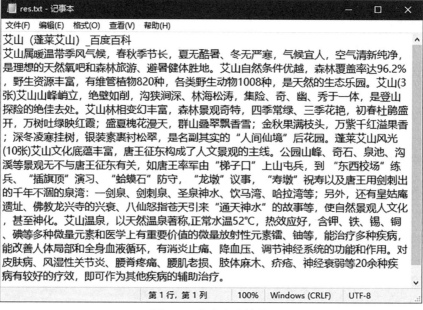

图14.12 文本爬取结果

14.4 总结

网络爬虫技术为用户获取专题数据提供了可能，爬取到的数据应用范围极广，可以用来实现数据挖掘，也可以为深度学习提供训练数据集，以及建立知识图谱等。值得一提的是，随着爬虫技术的提高，数据盗取情况日益严重，很多网站采用了反爬虫技术，因此正常的数据搜集还需要一定的反反爬虫技术。总之，爬虫有利有弊，我们应当给予正确的应用。

第15章 数据库技术

在社会飞速发展的今天,人们需要处理的数据量急剧增加,过去的手工管理已经远远不能满足人们对于信息管理的需求,借助计算机软件技术来保存和管理复杂、大量的数据是数据库技术的核心。本章节,我们了解数据库的发展情况,熟悉数据库技术的基本概念,在此基础上,掌握一种 Python 的内置数据库 SQLite 管理技术,以及图形数据库 Neo4j 数据库,最后我们利用图形数据库技术建立地理知识图谱,掌握其应用领域、了解其发展趋势。

15.1 数据库概述

数据库是数据管理的产物。数据管理是数据库的核心任务,内容包括对数据的分类、组织、编码、储存、检索和维护。从数据管理的角度看,数据库技术到目前共经历了人工管理阶段、文件系统阶段和数据库系统阶段。随着计算机应用的不断发展,数据处理越来越占主导地位,数据库技术的应用也越来越广泛。

数据库技术采用数据模型来抽象、表示和处理现实世界中的数据和信息。目前,数据库领域采用的数据模型有层次模型、网状模型和关系模型等,其中应用最广泛的是关系模型。关系型数据库指的是使用关系模型(二维表格)来组织数据的数据库,存储的格式可以直观地反映实体间的关系。主流的关系型数据库有 Oracle、SQL Server、Mysql、Access、FoxPro 等。这些数据库可分为两类:一类是桌面数据库,例如 Access、FoxPro;另一类是客户/服务器,例如 Oracle、SQL Server。

随着数据量的持续增加,关系网络的复杂性也不断提高。传统的关系数据库在处理这种复杂性方面逐渐显示出其局限性和问题。因此,市场上涌现了许多新型数据库,统一归类为 NOSQL 数据库(意为"不仅仅是 SQL")。这些数据库不同于传统的关系数据库和层次数据库,它们的范畴相当广泛,而图数据库就是其中一种重要的类型。图数据库的出现旨在应对大规模数据集和多种数据类型所带来的挑战。

15.1.1 关系模型

关系模型是以数学理论为基础构建的数据模型,它把复杂的数据结构归纳为简单的二元关系,即把每一个实体集看作是一个二维表(表 15.1),其中每一行是一个实体(记录),每一列是一个实体属性(字段),表中第一行是各字段的集合。

表15.1 关系数据模型的表达

学号	姓名	语文	数学	Python语言
6201001	张三	85	54	92
6201002	李四	92	84	64
6201003	王五	87	74	73
6201004	…	…	…	…

作为一个关系的二维表,必须满足以下条件:

(1)表中的每一个属性值都是不可再分的基本单元;

(2)表中每一列的属性名必须是唯一的;

(3)表中每一列必须有相同的数据类型;

(4)表中不能有完全相同的行。

由关系数据结构组成的数据库系统称为关系数据库系统。在关系数据库中,对数据的操作几乎全部建立在一个或多个关系表格上,通过对这些表格的操作来实现对数据的管理。例如,我们创建一个学生成绩管理信息数据库,用来存放学生信息、课程信息及对应成绩。在学生成绩管理信息数据库中创建三个表(表15.2~表15.4)。

表15.2 学生表信息

Student ID	Name	Gender	Dept
2006120058	张三	F	Math
2006120057	李四	M	GIS
2006120083	王五	F	Engineering

表15.3 课程表信息

Course ID	Course Name	Credits
501	GIS	3
536	RS	2
587	GPS	1

表15.4 成绩表信息

Student ID	Course ID	Score
2006120058	501	100
2006120057	501	89
2006120085	503	68

关系型数据库中的一条记录中有若干个属性,若其中某一个属性组(注意是组)能唯一标识一条记录,该属性组就可以成为一个主键。比如学生表(学号,姓名,性别,班级),其中每个学生的学号是唯一的,学号就是一个主键;课程表(课程编号,课程名,学分),其中课程编号是唯一的,课程编号就是一个主键;成绩表(学号,课程号,成绩),成绩表中单

一一个属性无法唯一标识一条记录,学号和课程号的组合才可以唯一标识一条记录,所以学号和课程号的属性组是一个主键。一个表只有一个主键。

成绩表中的学号不是成绩表的主键,但它和学生表中的学号相对应,并且学生表中的学号是学生表的主键,则称成绩表中的学号是学生表的外键。同理,成绩表中的课程号是课程表的外键。外键:用于与另一张表的关联,是能确定另一张表记录的字段,用于保持数据的一致性。表的外键是另一表的主键,外键可以有重复的,可以是空值。

总之,主键和外键主要是为了维护关系数据库的完整性,主键是能确定一条记录的唯一标识,比如,一条记录包括身份证号、姓名、年龄。身份证号是唯一能确定你这个人的,其他都可能有重复,所以,身份证号是主键。外键用于与另一张表的关联,是能确定另一张表记录的字段,用于保持数据的一致性。比如,A 表中的一个字段,是 B 表的主键,那它就可以是 A 表的外键。

15.1.2 SQL 语言

关系型数据库支持通用的结构化查询语言(Structured Query Language,简称 SQL)。SQL 是一种用于访问、查询、更新和管理关系数据库系统的语言,包括以下几个部分:

1)数据定义语言(DDL,Data Definition Language):用于定义数据库对象,如数据库、表和列等。关键字包括:create、alter、drop、rename。

2)数据操纵语言(DML,Data Manipulation Language):用于对数据库中表的记录进行更新。关键字包括:insert、delete、update。

3)数据控制语言(DCL,Data Control Language):用于定义数据库的访问权限和安全级别,以及创建用户。关键字包括:grant(授权)、revoke(收回权限)。

4)数据查询语言(DQL,Data Query Language):用于查询数据库中表的记录。关键字包括:select、from、where 等。

5)事务控制语言(TCL,Transaction Control Language):用于管理数据库事务的处理。关键字包括:

- SAVEPOINT:设置保存点,这是事务处理中设置的临时占位符,可以对其发布回退。
- ROLLBACK:回滚,撤销指定的 SQL 语句。
- COMMIT:提交,将未储存的 SQL 写入数据库表。

15.1.3 图数据库

图数据库也称为图形数据库管理系统,专门存储和管理关于图形、网络的信息,例如社会关系、路线图和交通链接。图数据库的基本含义是以"图"这种数据结构存储和查询数据,而不是存储图片的数据库。它的数据模型主要是以节点和关系(边)来体现,也可处理键值对。图数据库的优点是快速解决复杂的关系问题。目前流行的图数据库很多,包括 GraphDB、Neo4j、FlockDB、GraphEngine 等,图数据库与关系数据库有显著区别(表15.5)。

表 15.5 图数据库与关系数据库的不同之处

	数据结构	查询	索引	存储
图数据库	图形结构	CQL语言	针对图形数据位置索引	存储在网络
关系数据库	表结构	SQL语言	针对表或视图创建	存储在本地

15.1.4 数据库接口

由于各数据库之间的应用接口非常混乱,如果项目需要更换数据库,则需要做出大量的修改,非常不便。Python DB-API 的出现就是为了解决这样的问题。Python 提供了统一的 DB-API 接口来实现对数据库的访问,应用程序调用 DB-API 接口可以实现对不同数据库的访问(图 15.1)。

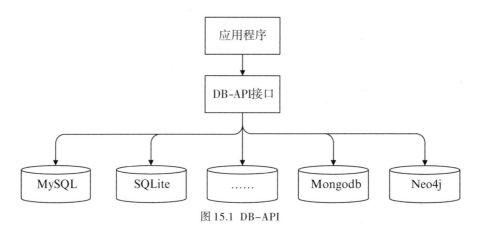

图 15.1 DB-API

15.1.4.1 使用 Connection 类模块

(1)连接数据库:Connection 类模块提供了 connect 构造函数,用于创建一个 Connection 对象,该对象将连接正在运行的数据库。

(2)关闭数据库:当需要关闭数据库连接时,可以调用 Connection 对象的 close 方法来关闭数据库连接,释放数据库连接资源。

15.1.4.2 使用 Cursor 类模块

游标是包含从要素类或表中获取的一行或多行数据的内存对象。游标可对表和要素类的数据进行搜索、增加、插入、更新及删除。

(1)执行SQL命令:对数据库的访问主要是对数据库表记录的增删改查,增删改查都需要执行 SQL 命令。调用 Cursor 对象的 execute 方法可以执行 SQL 命令。

（2）Cursor 对象的其他主要方法：fetchone()、fetchmany(size)、fetchall()、close()。

（3）Cursor 对象的属性：rowcount。

15.1.4.3　事务机制概述

数据库中有一些特有的术语，其中之一是事务，它是单个逻辑工作单元执行的一系列操作，这些操作同步发生数据更新，防止数据不一致。要成为事务，必须满足以下属性，即原子性、一致性、隔离性和持久性。

原子性（Atomicity）：一个事务是一个不可分隔的工作单位，事务中包括的诸操作要么全部执行，要么都全部不执行。

一致性（Consistency）：事务必须使数据库从一个一致性状态变到另一个一致性状态。一致性与原子性是密切相关的。

隔离性（Isolation）：一个事务的执行不能被其他事务干扰，即一个事务内部的操作及使用的数据对并发的其他事务是隔离的，并发执行的各个事务之间不能相互干扰。

持久性（Durability）：持久性也称永久性（Permanence），指一个事务一旦提交，它对数据库中数据的改变就应该是永久性的，接下来的其他操作或故障不应该对其有任何影响。

关系型数据库提供对事务的支持，能保证系统中事务的正确执行。如果事务完成后，我们就提交（commit）事务；如果事务失败，我们就让事务回滚（rollback）（例15-1）。

例15-1

```
Try:
    #执行SQL语句
    Cursor.execute(sql)
    #提交修改
    db.commit()
Except:
    #发生错误时回滚
    db.rollback()
#关闭连接
Db.close()
```

15.2　SQlite 数据库

SQLite 是一款轻型的关系型数据库，是 Python 内置的数据库，一个零配置的数据库，不同于其他数据库需要在系统中配置，它的设计目标是嵌入式的，占用资源非常低，在嵌入式设备中,可能只需要几百K的内存就够了。然而在运行速度上,SQLite比起Mysql、PostgreSQL等著名的数据库系统都快。

使用SQLite数据库,需要用到SQLite3模块,将SQLite3数据库与Python进行集成。SQLite3模块提供了一个与DB-API 2.0规范兼容的SQL接口。该模块无须单独安装,因为Python 2.5.x以上版本默认自带了该模块。使用起来也十分方便,首先创建一个数据库的连接对象,然后借助SQL语句就可以实现数据库的管理。

15.2.1 创建数据库

数据库是统一管理的相关数据的集合,我们创建一个学生成绩管理信息数据库student.db,存放学生信息、课程信息及对应成绩。在学生成绩管理信息数据库中创建三个表(表15.6)。

表15.6 学生成绩管理信息数据库表名和字段信息

表名	字段
学生表	学号,姓名,性别,班级
课程表	课程编号,课程名,学分
成绩表	学号,课程号,成绩

首先,创建一个空的student.db数据库(例15-2)。

例15-2

```
#导入sqlite3模块
import sqlite3
#硬盘上创建连接
con = sqlite3.connect('student.db')
#con = sqlite3.connect("D:\\book.db")
#关闭连接
con.close()
```

注:'student.db'没有标注具体的存储路径,即保存在代码文件夹中。若标注具体的地址,即保存在指定存储路径中(图15.2)。

名称	类型	大小
student.db	Data Base File	0 KB

图15.2 没有标注路径保存的student.db

15.2.2 创建多表

在已经创建的学生成绩管理信息数据库中创建多表(学生表、课程表和成绩表)。创建表需要指定字段及数据类型,例如学生表的字段为学号、姓名、性别及班级,对应的数据类型为整型、文本型、文本型及整型(例15-3)。

例 15-3

```python
import sqlite3
con = sqlite3.connect(student.db')
cur = con.cursor()
#创建学生表
cur.execute("""CREATE TABLE t_student
    (StudentID int,
    name text,
    Gender text,
    Dept text)""")
#创建课程表
cur.execute("""CREATE TABLE t_course
    (courseID int,
    name text,
    credit int)""")
#创建成绩表
cur.execute("""CREATE TABLE t_score
    (studentID int,
    courseID int,
    score int)""")
```

15.2.3 增加数据

将学生信息插入创建的学生表中(例15-4)。

例 15-4

```
#导入 sqlite3 模块
import sqlite3


#硬盘上创建连接
con = sqlite3.connect('student.db')
#获取 cursor 对象
cur = con.cursor()
try:
    #执行 sql 插入数据
    sql = 'insert into t_student(StudentID,name,Gender,Dept) values(?,?,?,?)'
     cur.executemany(sql, [(2006120058,'张三','F','Math'), (2006120057,'李四','M',
    'GIS'), (2006120083,'王五','F','Engineering')])
    #提交事务
    con.commit()
    print('插入成功')
except Exception as e:
    print('插入失败')
    con.rollback()
finally:
    #关闭游标
    cur.close()
    #关闭连接
    con.close()
```

若代码运行成功,则会输出"插入成功"(图 15.3);若代码有错误或插入数据的格式不对,则会输出"插入失败"。

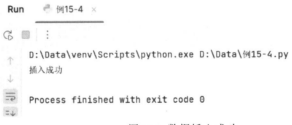

图 15.3 数据插入成功

15.2.4　查询数据

在学生成绩管理信息数据库中可以选择查询表中所有数据,也可以选择查询其中一项的数据(例15-5)。

例15-5

```python
#导入sqlite3模块
import sqlite3
#硬盘上创建连接
con = sqlite3.connect('student.db')
#获取cursor对象
cur = con.cursor()
#执行sql创建表
sql = 'select * from t_student'
try:
    cur.execute(sql)
    #获取所有数据
    person_all = cur.fetchall()
    #print(person_all)
    #遍历
    for p in person_all:
        print(p)
except Exception as e:
    print(e)
    print('查询失败')
finally:
    #关闭游标
    cur.close()
    #关闭连接
    con.close()
```

给出的示例代码为查询学生表中的所有信息(图15.4)。

☞**小提示**：fetchone()可以读取一条数据；fetchall()可以读取全部数据。

给出的示例代码为查询学生表中的所有信息，如下图（图15.4）：

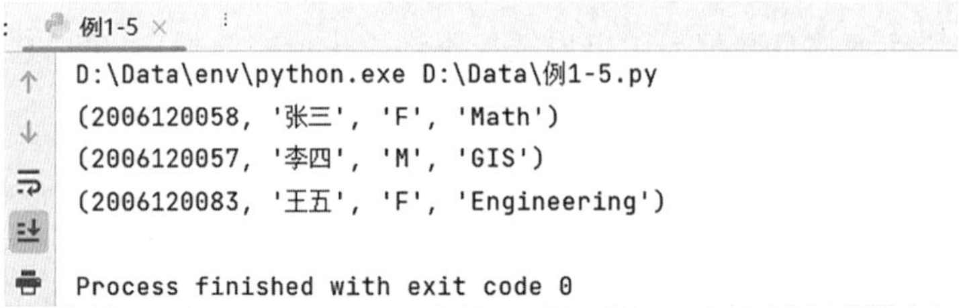

```
例1-5 ×
D:\Data\env\python.exe D:\Data\例1-5.py
(2006120058, '张三', 'F', 'Math')
(2006120057, '李四', 'M', 'GIS')
(2006120083, '王五', 'F', 'Engineering')

Process finished with exit code 0
```

图15.4 学生表信息

在学生成绩管理信息数据库中还可以实现多表之间的信息查询（例15-6）。

例15-6

```
#导入 sqlite3 模块
import  sqlite3
# 硬盘上创建连接
con = sqlite3.connect('student.db')
# 获取 cursor 对象
cur = con.cursor()
#查询数据
sql= 'select  *  from  t_student  inner  join  t_score  on  t_student. StudentID=t_score.
studentID'
cur.execute(sql)
  person_all = cur.fetchall()
  for p in person_all:
  print(p)
```

给出的示例代码为查询学生表中的所有信息（图15.5）。

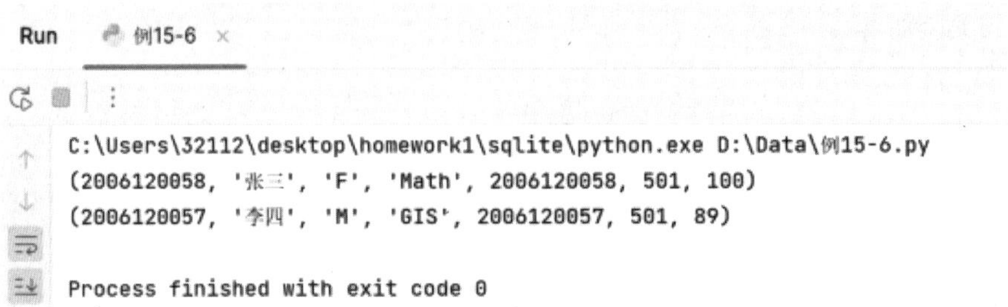

```
Run    例15-6 ×
C:\Users\32112\desktop\homework1\sqlite\python.exe D:\Data\例15-6.py
(2006120058, '张三', 'F', 'Math', 2006120058, 501, 100)
(2006120057, '李四', 'M', 'GIS', 2006120057, 501, 89)

Process finished with exit code 0
```

图15.5 联合多表查询表中的信息

15.2.5 修改数据

修改学生成绩管理信息数据库里表中的任意数据,如:将学生张三的班级从Math改为GIS(例15-7)。

例15-7

```
#导入 sqlite3 模块
import sqlite3
#硬盘上创建连接
con=sqlite3.connect('student.db')
#获取 cursor 对象
cur=con.cursor()
try:
    #执行 sql 创建表
    update_sql = 'update t_student set name = ? where Dept = ? '
    cur.execute(update_sql, ('张三','GIS'))
    #提交事务
    con.commit()
    print('修改成功')
except Exception as e:
    print(e)
    print('修改失败')
    con.rollback()
finally:
    #关闭游标
    cur.close()
    #关闭连接
    con.close()
```

若代码运行成功,则会输出"修改成功"(图15.6);若代码有错误或插入数据的格式不对,则会输出"修改失败"。

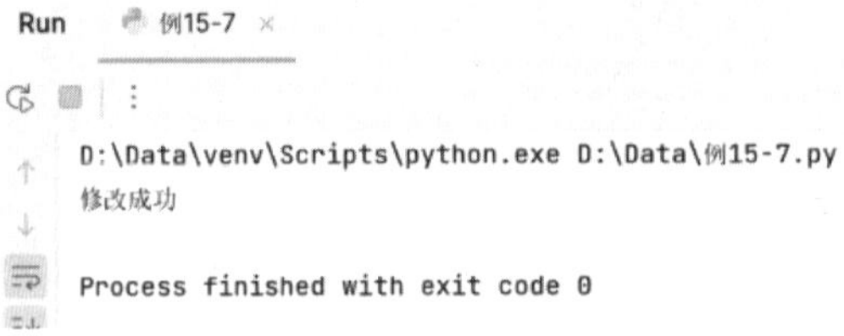

图15.6 修改成功

15.2.6 删除数据

将学生成绩管理信息数据库里表中的错误数据进行删除处理(例15-8)。

例15-8

```python
#导入sqlite3模块
import sqlite3
#硬盘上创建连接
con = sqlite3.connect('student.db')
#获取cursor对象
cur = con.cursor()
#执行sql创建表
delete_sql = 'delete from t_student where StudentID=?'
try:
    cur.execute(delete_sql, (2006120058,))
    #提交事务
    con.commit()
    print('删除成功')
except Exception as e:
    print(e)
    print('删除失败')
    con.rollback()
finally:
    #关闭游标
    cur.close()
    #关闭连接
    con.close()
```

若代码运行成功,则会输出"删除成功"(图15.7);若代码有错误或插入数据的格式不对,则会输出"删除失败"。

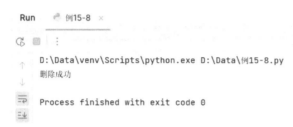

图15.7 删除成功

15.3 Neo4j 数据库

Neo4j是一个基于Java的高性能的图数据库,具有高性能、嵌入式、轻量级等特点。Neo4j有开源社区版(Community Edition)和高性能企业版(Enterprise Edition)两个版本,满足不同用户的需求。在官网(https://neo4j.com/download-center/)上可以下载安装包。

15.3.1 安装 Neo4j 数据库

Neo4j是用Java语言编写的图形数据库,因此需要安装Java Development Kit(JDK)。从官网上下载JDK进行安装,并配置环境变量,然后下载并安装JDK对应版本的Neo4j社区版(我们选用的版本号为3.5.5),也需要配置环境变量。在命令窗口,通过neo4j.bat命令访问服务器(图15.8)。

```
C:\WINDOWS\system32>neo4j.bat
Usage: neo4j { console | start | stop | restart | status | install-service
bose }
```

图15.8 运行后结果图

在命令窗口,输入neo4j console启动Neo4j服务器(图15.9)。

```
C:\WINDOWS\system32>neo4j console
2022-09-03 10:48:46.161+0000 INFO  ======== Neo4j 3.5.5 ========
2022-09-03 10:48:46.183+0000 INFO  Starting...
2022-09-03 10:48:48.499+0000 INFO  Bolt enabled on 127.0.0.1:7687.
2022-09-03 10:48:49.404+0000 INFO  Started.
2022-09-03 10:48:49.973+0000 INFO  Remote interface available at http://localhost:7474/
2022-09-03 10:49:45.404+0000 WARN  The client is unauthorized due to authentication failure.
```

图15.9 启动后运行图

启动服务器后可以在浏览器中打开http://localhost:7474,一般默认的用户名和密码都是neo4j(图15.10)。

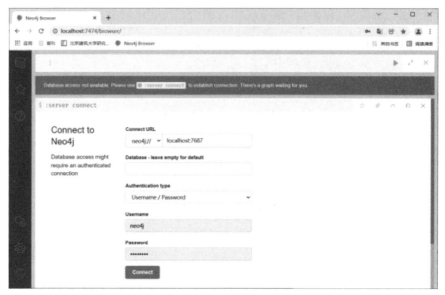

图 15.10 Neo4j 数据库登录界面

在命令窗口,输入 neo4j install-service,注册 Neo4j 服务(图 15.11)。

图 15.11 Neo4j service 运行图

最后,为了在 Python 里连接上 Neo4j 数据库,需要安装第三方库 py2neo。Python 第三方库的安装方法在前面的章节已经介绍,这里不再赘述。

15.3.2 创建图数据库

图数据库是以"图"这种数据结构存储和查询数据。它的数据模型主要是以节点和边来体现。例如,我们将作者作为节点,将作者之间的关系作为边,将人物关系做成了一个直观的关系图(图 15.12)。

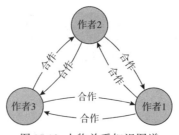

图 15.12 人物关系知识图谱

通过 Python 中安装的 py2neo 模块，使用代码连接 Neo4j 数据库，并输入自己注册 Neo4j 数据时的账号密码（例 15-9）。

例 15-9

```
import py2neo
from py2neo import Graph, Node, Relationship

test_graph = Graph(
    "http://localhost:7474",
    username="neo4j",
    password="neo4j3.5.5"
)
```

如 py2neo 版本过高，使用以上数据报错，则可将语句改为（例 15-10）：

例 15-10

```
import py2neo
from py2neo import Graph, Node, Relationship

test_graph = Graph(
    "http://localhost:7474",
    auth=("neo4j", "neo4j3.5.5")
)
```

下面我们输入节点和关系，建立合作者关系图（例 15-11）。

例 15-11

```
from py2neo import Graph, Node, Relationship

#Graph()中第一个为local host链接，auth为认证，包含 username 和 password
gragh = Graph('http://localhost:7474', auth = ('neo4j', 'neo4j123'))

a = Node("Person", name = "作者1")  #Node(label, name)
```

```
b = Node("Person", name = "作者2")
c = Node("Person", name = "作者3")
ab = Relationship(a, "合作", b)
ac = Relationship(a, "合作", c)
ba = Relationship(b, "合作", a)
bc = Relationship(b, "合作", c)
ca = Relationship(c, "合作", a)
cb = Relationship(c, "合作", b)
gragh.create(ab)    # 创建节点和关系
gragh.create(ac)    # 创建节点和关系
gragh.create(bc)    # 创建节点和关系
gragh.create(ba)    # 创建节点和关系
gragh.create(ca)    # 创建节点和关系
gragh.create(cb)    # 创建节点和关系
```

15.4 地理知识图谱构建和应用

知识图谱(Knowledge Graph)作为一种新兴的大数据分析框架,实质上是一种语义网络(Semantic Network)。以图作为数据结构,由节点代表实体或概念,通过有向图的方式来表达语义关系,这种数据结构形式使得以知识图谱为技术支持的搜索引擎在效率和准确度上有了大幅提升。现在已广泛扩展应用于语义搜索、智能问答、决策支持等智能服务领域。在地理信息领域,针对海量地理空间数据的多样性和异构性,地理知识图谱的应用也相继应运而生,并成为地理大数据与空间智能新兴研究方向的热点。我们使用互联网上百度百科作为主要的数据源,对于地理实体在百度百科上涉及的相关"山水林田湖草"地理知识进行提取,使用Neo4j图数据库,构建地理知识图谱。

15.4.1 地理实体数据准备

"山水林田湖草"地理知识,主要来源于百度百科,若百科上缺失则通过其他搜索途径获取并与已有关系进行融合、推理,补全缺失的关系。Neo4j数据库存储知识数据主要以三元组的形式呈现(表15.7),即实体、属性、属性值三个要素,我们获取网络资料还需要进行实体提取。实体提取又称实体识别,是指从文本数据中自动识别出哪些词代表实体,并且能进行分类。实体提取的质量对后续知识处理的质量和效率有极大影响,因此是知识提取中最为基础和关键的部分。

表15.7　三元组数据示例

实体	属性	属性值
黄河	注入海洋	渤海
黄河	中文名称	黄河
黄河	地理位置	中国北部
阿坝索乌山	距离金川县城	20公里
阿坝索乌山	占地面积	100余平方公里
阿坝索乌山	中文名称	阿坝索乌山

　　获得三元组数据之后,为了方便管理,对实体进行分类,按照名称可以分为山、林、水、湖、田、草这六个地理实体类。根据实体名称的规律性、相似度等特性进行实体分类提取。实体分类见表15.8,展示了实体名称和归属类别,按照格式分别存储成"山成果.csv"、"林成果.csv"、"水成果.csv"、"湖成果.csv"、"田成果.csv"、"草成果.csv"文件。

表15.8　实体分类示例表

类别	目标分类
山	阿坝索乌山、阿比峰、阿波火山
林	双峰林场、万峰林、八门湾红树林
水	黄河、泾河、大汶河
湖	大明湖、鄱阳湖、北京太平湖
田	紫鹊界梯田、巴拿威梯田、龙胜梯田
草	鄱阳湖草原、安达畜牧场、青岛熊牧场

　　实体分类提取后只是得到了离散的实体,彼此是分开的没有联系的。为了获得语义信息,还需要从相关的语义资料中识别出实体与实体之间的关系,才能形成网络图状的知识结构图。此处将创建的实体与实体之间建立关系,并写成"实体1-关系-实体2"的形式,例如"万峰林是属于中国的",那么就将其写成"万峰林-所属国家-中国"这种三元组形式,实体1是"万峰林",实体2是"中国",二者关系是"所属国家"。表15.9为关系建立的形式,关系建立能够将各个分散的概念聚集关联到一起,能够表达基本的知识内容。

表15.9　关系建立示例

实体1	关系	实体2
黄河	特色物种	黄河鲤鱼
阿比峰	所属山系	喜马拉雅山脉
万峰林	所属国家	中国
鄱阳湖	气候类型	北亚热带季风气候

　　实体和关系建立完毕后,按照格式存储成".csv"文件(图15.13):山成果、水成果、林成果、田成果、湖成果、草成果。另外,实体的属性信息尽量多去提取,形成对实体的完整

描述,才能建立相对完整的知识库。此外,我们又建立了"其他附加三元组"这个文件来储存缺少的实体属性。

草成果.csv　关系提取.csv　湖成果.csv　林成果.csv　其他附加三元组.csv　山成果.csv　水成果.csv　田成果.csv

图 15.13　成果文件

15.4.2　构建图数据库

将上述采集、处理后得到的 csv 数据文件,进行图数据库的构建。

15.4.2.1　地理实体

根据表中数据存储的格式,按照字段读取实体属性和属性值,导入山林水田湖草的实体属性(图 15.14)。

```python
import csv
from py2neo import Graph,Node,Relationship,NodeMatcher

#数据库账号、密码链接
graph = Graph('bolt://localhost:7687',user='neo4j',password='neo4j123')

csv_file = csv.reader(open("D:/Data/山成果.csv",encoding='UTF-8'))
matcher = NodeMatcher(graph)

strp = 'ycbiaosih'    #定义 strp 的初始值为 ycbiaosih
baidutag = ['山'] #存放实体标签
i = 0
m = 0     #Node 节点的个数
argim = {}
for row in csv_file:
    if (i == 0): #获取实体标签
        argim['label'] = row[0]
        strp = row[0]
        if(row[1] == 'BaiduTAG'):
        pass    #类别标签
```

```
        else:
            argim[row[1]] = row[2]
    i = i+1
    continue

if (strp == row[0]):   #当实体标签相等的时候继续获取该标签后续属性
    if (row[1] == 'BaiduTAG'):
            pass
        else:
            if (argim.get(row[1]) ==None):   #get()获得字典 argim 键对应的值
                argim[row[1]] = row[2]
            else:
                argim[row[1]] = str(argim[row[1]]) + ";" + str(row[2])
else: #不相等的时候创建节点,并获取实体标签和后续属性
    #print(baidutag)
    #print(argim)
    node = Node(*baidutag, **argim)   #一个*元组,两个*表示字典
    graph.create(node)
    m=m+1
    print(m)
    #print(row[0])
    argim.clear()
    strp = row[0]
    argim['label'] = row[0]
    if (row[1] == 'BaiduTAG'):
        pass   #类别标签
    else:
        argim[row[1]] = row[2]
```

导入山林水田湖草的实例属性(图 15.14)。

图15.14 Neo4j中数据分类标签

15.4.2.2 关系建立

有了地理实体的数据节点,我们就可以在图数据库中构建实体与实体之间的关系,建立关系连接(图15.15)。

核心代码:

```
node1=matcher.match(label=row[0]).first()    #按实体标签1查询
node2=matcher.match(label=row[2]).first()    #按实体标签2查询
```

关系数据导入代码:

```
import csv
from py2neo import Graph,Node,Relationship,NodeMatcher

graph=Graph('bolt://localhost:7687',user='neo4j',password='neo4j123')    #连接图数据库
csv_file=csv.reader(open("D:/Data/山成果.csv",encoding='UTF-8'))
matcher = NodeMatcher(graph)    #创建一个matcher,节点查询器
strp='ycbiaosih'    #定义strp的初始值为ycbiaosih
baidutag=[]  #存放百度百科标签
i=0
m=0
argim={}
for row in csv_file:
    i=i+1
    print(i)
    print(row[0])
    node1=matcher.match(label=row[0]).first()    #按标签查询
```

```
node2=matcher.match(label=row[2]).first()    #按标签查询.first()
if node2==None:
    node2=matcher.match(中文名=row[2]).first()
    if node2==None:
        node2=matcher.match(中文名称=row[2]).first()
        if node2==None:
            node2=matcher.match(中文学名=row[2]).first()
            if node2==None:
                node2=matcher.match(别名=row[2]).first()
                if node2==None:
                    node2=matcher.match(简称=row[2]).first()
node_1_call_node_2 = Relationship(node1, row[1], node2)
graph.create(node_1_call_node_2)
```

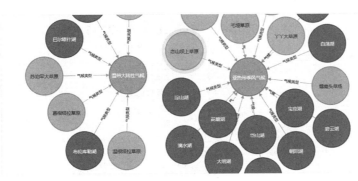

图 15.15 "气候类型"关系导入

15.4.3　查询和可视化

构建知识图谱后,可以用 CQL(Cypher Query Language)语句对图进行查询。CQL 是 Neo4j 图数据库使用的图形查询语言,通过使用图模式匹配得到想要查询匹配的图形数据,可以被用来创建、增加、删除、查询图中包含的节点、属性、关系等。CQL 使用的语句主要包括 CREATE、MATCH、WHERE、DELETE 和 RETURN 等。下面通过介绍 CQL 语言来对地理知识图谱中的节点和关系进行查询。

15.4.3.1　节点查询

对节点进行查询,是查询 graph 的基本操作,节点具有标签和属性,Match 查询不仅能够按照标签对节点进行查询,还能按照属性对节点进行查询(图 15.16)。当没有指定节点的标签或属性时,默认是选择节点全部的标签和属性。

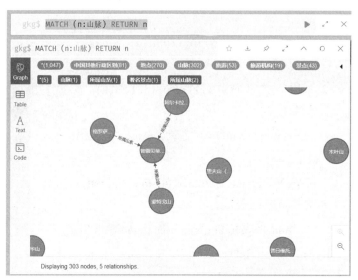

图15.16 查询带有特定标签"山脉"的节点

15.4.3.2 关系查询

对关系进行查询,关系的模式是由两个节点来决定的(图15.17)。

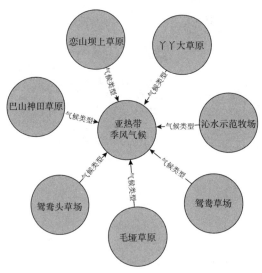

图15.17 属于亚热带季风气候的"草"

15.4.4 机器问答系统

随着知识图谱的不断发展,其应用的范围日益扩大,涉及的领域越来越广泛,应用的场景也愈加多样化,如知识查询、检索、机器问答、数据挖掘、数据增强等。借助地理知识图谱数据库,可以开发出一个基于地理知识图谱的智能问答系统,该系统能够满足用户对山的问答,允许用户输入一些口语式的问题,系统可以辨别出用户意图并返回答案(图15.18)。地理知识图谱可以将地理空间知识引入 GIS 软件系统,实现地理知识服务,是近年来地理知识服务的发展趋势之一。智能问答系统既可解决地理知识获取的问题,又可深入研究地理知识图谱。我国问答系统的研究起步较晚,且由于汉语语法结构的特殊性,中文问答系统研究非常困难,所以此方面研究发展空间还很大并且前景广阔。

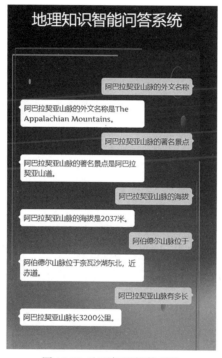

图 15.18 地理知识问答系统

15.5 总结

数据库技术是数据管理的关键技术,是计算机科学的重要分支。关系型数据库则是指采用了关系模型来组织数据的数据库,关系模型能够以简单、灵活的方式表达现实世界中各种实体及其相互间的关系。通过 Python 自带的 SQLite 数据库,我们对关系型数据库进行了学习。当数据量比较少且数据对象间的关系比较固定时,可以用关系型数据库进行存储。而当数据规模巨大,数据对象间的关系比较复杂且存在动态变化时,图数据库则更加合适。Neo4j 数据库长期处于图数据库领域的主力地位,其功能强大,不需要依赖另外的数据库存储,遍历时效率非常高,使用起来也相当方便。

15.6 本章习题

题 15.1 数据库技术的使用

请使用SQLite数据库技术,经爬虫的获取信息存储到数据库中。

第16章 社交网络分析

网络时代,社交网络也如火如荼发展起来。社交网络数据正在成为最成熟的大数据,人们有望对在线社交网络大数据背后的用户行为、社会现象的理解达到空前的深度。我们身边有很多类型的社交网络:名人社交网络、论文合作者网络、微博、微信。通过社交网络分析实践,建立人际关系网,判读人际关系中各成员的社交地位,实现 Python 语言与社交网络分析两大热点的结合。本章节介绍社交网络的基本表达方式,社交网络分析方法,并借助 NetworkX 库,建立起关系网,判读人际关系中各成员的社交地位。

16.1 社交网络

在现实世界里,网络无处不在:自然界的河网,城市里的道路网、通信网,以及由计算机组成的互联网、物联网、社交网络等。在数学中,网络等价于图(Graph),一种用点和线来描述事物间关系的数学模型:G={V, E},V 是用户节点的集合,E 是边的集合。根据节点之间有无连线方向,我们把图分为有向图和无向图(图 16.1)。规定图中的每个节点代表具体网络中任何流动的起点、中转点或终点,并为图中的每条边指定一个具体参数,然后运用图论的方法研究了网络结构和网络优化分析。把虚拟的网络研究对象更加直观、清晰地展现,"图"就发挥了重要作用。

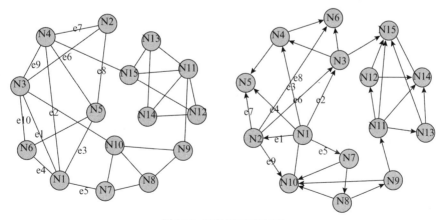

图 16.1 无向图和有向图

图可以呈现社交网络:①节点。节点是社交网络里的每个参与者,连接边则表示参与者之间的关系。②边缘。节点之间的连接。它表示网络节点之间的关系。我们可以通过它直观地看出社交网络中的各个人物和人物间的关系,从而衡量每个人的"人脉"。在这些网络中,各个实体被抽象为网络节点,实体间关系被抽象为节点间的边,这些网络结构具有较高的复杂性,称为复杂网络。影响力分析可以理解为衡量节点(用户)在一个图中的重要性,即一个用户对其周围用户的影响(图16.2)。

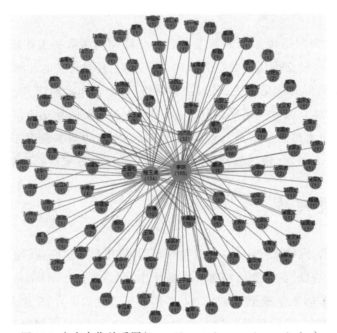

图16.2 专家合作关系图(https://kmap.ckcest.cn/expert/index)

在社会网络分析领域,有多种软件可供选择,包括Gephi、Ucinet和Pajek。其中,Gephi作为一个开源、免费且跨平台的软件,专门用于复杂网络的分析。它提供了强大的功能,可用于各种网络的探索性分析和链接分析,是社交网络分析的理想工具。

16.2 网络构建和可视化

Python中的NetworkX和Community包是社交网络分析的利器。NetworkX包可以用于构建和操作复杂的图网络,从而支持关系网络的建立以及社交节点的影响力分析等。接下来,我们使用NetworkX包进行网络的构建和可视化。

16.2.1 创建网络

在创建网络进行分析的时候,我们首先需要导入构建网络所需的NetworkX工具包,然后使用Graph()方法创建对称网络(例16-1)。

例 16-1

```
import networkx as nx            #导入networkx包   version-2.6.3
G = nx.Graph() #使用Graph()方法创建对称网络
```

例 16-1 没有输出结果,表明创建的是一个空的网络结构,在此基础上我们再进行后续的操作从而创建一个完整的网络,之后进行网络分析。

16.2.2　构建网络

NetworkX 库提供了许多图形生成器功能和工具,支持以多种格式读取和写入图形。在 NetworkX 中,构建网络图的过程实际上就是通过添加节点和边来组成网络,可以采用多种方法进行构建。接下来,我们将介绍如何通过手工构建和表格输入两种方式来构建网络图。

16.2.2.1　手工构建

图 G 网络可以通过多种方式生长,如添加节点再创建边构建、添加边直接构建和添加边列表构建。下面几小节对详细介绍这三种方式。

1. 添加节点再创建边构建

在网络分析中,图形的可视化功能可以借助第三方绘图库 Matplotlib 第三方库来实现,所以在导入 NetworkX 时需要导入 Matplotlib 包。

在以下构建网络的过程中,将分成两个步骤,即添加节点和根据节点创建边。

(1)添加节点

绘制图 G 时可以用 G.add_node()一次添加一个节点,或者通过列表一次添加多个节点;接着借助 Matplotlib 画出每个节点(例 16-2)。

例 16-2

```
import networkx as nx            #导入networkx包
import matplotlib.pyplot as plt    #导入绘图包matplotlib


#建立合著关系网
def network():
    G.add_nodes_from(['作者1', '作者2', '作者3', '作者4', '作者5'])


#可视化设置
```

```
def visual():
    pos = nx.circular_layout(G)
    plt.rcParams['font.sans-serif'] = ['SimHei']   #用来正常显示中文标签
    plt.rcParams['axes.unicode_minus'] = False   #用来正常显示负号
    plt.figure(figsize=(8, 6))
    nx.draw_networkx(G, pos, with_labels=True, node_size=1500, node_color='orange')
#绘制图形
    plt.tick_params(left=False, bottom=False, labelleft=False, labelbottom=False)#参数
设置
    plt.title('添加节点', fontsize=15, color='black')   # 设置标题

if __name__=="__main__":
    G = nx.Graph()   # 使用Graph()方法创建对称网络
    network()
    visual()
    plt.show()
```

结果如下：

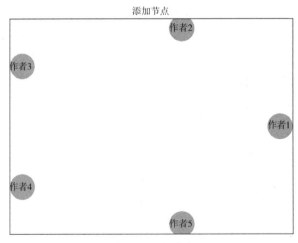

图16.3 添加节点

由运行结果图可知通过列表一次添加了5个节点，并绘图。

（2）根据节点创建边

由第（1）步添加了节点，之后需要根据节点创建边，即把节点连接起来，从而构建网络图（例16-3）。

例 16-3

```python
import networkx as nx            #导入 networkx 包
import matplotlib.pyplot as plt     #导入 matplotlib 包


#建立合著关系网
def network():
    G.add_edges_from([('作者 1', '作者 2'), ('作者 1', '作者 3'),
                      ('作者 2', '作者 4'), ('作者 2', '作者 5'),
                      ('作者 3', '作者 4'), ('作者 3', '作者 5'),
                      ('作者 4', '作者 5')])


#可视化设置
def visual():
    pos = nx.spring_layout(G)
    plt.rcParams['font.sans-serif'] = ['SimHei']    #用来正常显示中文标签
    plt.rcParams['axes.unicode_minus'] = False   #用来正常显示负号
    plt.figure(figsize=(8, 6))
    nx.draw_networkx(G, pos, with_labels=True, node_size=1500, node_color='orange')
#绘制图形
    plt.tick_params(left=False, bottom=False, labelleft=False, labelbottom=False)
    plt.title('节点+边', fontsize=15, color='black')   #设置标题


if __name__=="__main__":
    G = nx.Graph()   #使用 Graph()方法创建对称网络
    network()
    visual()
    plt.show()
```

结果如下：

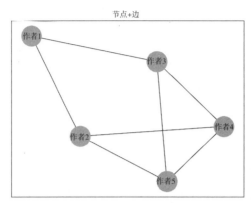

图 16.4　用已有节点创建边

通过以上最直接的方式创建和展示了一个简单的网络图（图 16.4），在此基础上进而进行其他的分析。下一节介绍另一种方法构建网络。

2. 添加边直接构建

用 G.add_edge()在节点中创建边，若建立边关系的节点不在图中，节点将自动添加至图中，可以省去创建节点的步骤（例 16-4）。

例 16-4

```python
import  networkx  as  nx             #导入 networkx 包
import  matplotlib.pyplot  as  plt      #导入绘图包 matplotlib


#建立合著关系网
def  network():
    G.add_edge('作者 1', '作者 2')   #直接添加边
    G.add_edge('作者 1', '作者 3')
    G.add_edge('作者 2', '作者 4')
    G.add_edge('作者 2', '作者 5')
    G.add_edge('作者 3', '作者 4')
    G.add_edge('作者 3', '作者 5')
    e = ('作者 4', '作者 5')
    G.add_edge(*e)


#可视化设置
```

```
def visual():

    pos = nx.spring_layout(G)

    plt.rcParams['font.sans-serif'] = ['SimHei']   #用来正常显示中文标签

    plt.rcParams['axes.unicode_minus'] = False   #用来正常显示负号

    plt.figure(figsize=(8, 6))

    nx.draw_networkx(G, pos, with_labels=True, node_size=1500, node_color='orange')
#绘制图形

    plt.title('直接添加边', fontsize=14, color='black')   #设置标题

    plt.tick_params(left=False, bottom=False, labelleft=False, labelbottom=False)


if __name__=="__main__":

    G = nx.Graph()

    network()

    visual()

    plt.show()
```

3. 添加边列表构建

由此可见,通过创建边也可以构建网络图(例16-5)。

例16-5

```
import networkx as nx   #导入networkx包
import matplotlib.pyplot as plt   #导入绘图包matplotlib


#建立合著关系网
def network():

    edgelist = [('作者1', '作者2'), ('作者1', '作者3'),
                ('作者2', '作者4'), ('作者2', '作者5'),
                ('作者3', '作者4'), ('作者3', '作者5'),
                ('作者4', '作者5')]
    #使用节点类型和指定边距离创建networkx图形
    for from_loc, to_loc in edgelist:

        G.add_edge(from_loc, to_loc)
```

```
#可视化设置
def  visual():
    plt.rcParams['font.sans-serif'] = ['SimHei']  #用来正常显示中文标签
    plt.rcParams['axes.unicode_minus'] = False  #用来正常显示负号
    plt.figure(figsize=(8, 6))
    #设置布局
    pos = nx.spring_layout(G)
    #绘制图形
    nx.draw_networkx(G, pos, edge_color='black', with_labels=True, font_weight='light',
node_size=1500,node_color='orange', width=1) #绘制图形
    plt.title('添加列表创建', fontsize=14, color='black')  #设置标题
    plt.tick_params(left=False, bottom=False, labelleft=False, labelbottom=False)


if __name__=="__main__":
    G = nx.Graph()
    network()
    visual()
    plt.show()
```

16.2.2.2 表格输入

手工构建的方法直接简单,对于简单的社交网络比较适合,但是涉及复杂庞大数据的自动读取和存储,需要借助高效处理数据的 panda 第三方库,采用读取 csv 文件构建网络图谱。示例 16-6 展示如何通过读取 csv 数据(表 16.1)进行网络图构建。

表 16.1 作者合著关系表

name	target
作者 1	作者 2
作者 1	作者 3
作者 2	作者 4
作者 2	作者 5
作者 3	作者 4
作者 3	作者 5
作者 4	作者 5

例16-6

```
import networkx as nx          #导入networkx包 version-2.6.3
import pandas as pd
import matplotlib.pyplot as plt    #导入绘图包matplotlib


#建立合著关系网
def network():
    #获取csv文件
    data = pd.read_csv(r'D:/Data/read.csv', encoding='gbk')
    edges = [edge for edge in zip(data['name'], data['target'])]
    G.add_edges_from(edges)
    print(G)


#可视化设置
def visual():
    plt.rcParams['font.sans-serif'] = ['SimHei']   # 用来正常显示中文标签
    plt.rcParams['axes.unicode_minus'] = False   # 用来正常显示负号
    plt.figure(figsize=(10, 8))
    nx.draw_kamada_kawai(G, with_labels=True, node_size=1500, node_color='orange',
font_color='black', font_size=18, width=1)
    plt.title('读取csv', fontsize=18, color='black')   # 设置标题
    plt.axis('on')
    plt.tick_params(left=False, bottom=False, labelleft=False, labelbottom=False)


if __name__=="__main__":
    # 创建图
    G = nx.Graph()
    network()
    visual()
    plt.show()
```

16.2.3 图形可视化

图形可视化将难以直接显示的数据转化为可感知的图形、符号、颜色等,以增强数据识别效率,传递有效信息。在使用图画展示数据时有许多的样式可以选择。

16.2.3.1 布局

在使用 NetworkX 库绘制图形时,一般按照先绘制节点、再绘制标签、最后绘制边的步骤依次进行。为了能够更好地展示图形中的信息,通常需要对节点位置进行布局(例 16-7)。NetworkX 库内置了五种图形布局方式:

1. random_layout:随机分布节点;

2. shell_layout:同心圆分布节点;

3. circular_layout:在圆环上均匀分布节点;

4. spring_layout:使用 Fruchterman-Reingold 算法排列节点;

5. spectral_layout:根据图的拉普拉斯特征向量排列节点。

例 16-7

```python
import networkx as nx
import matplotlib.pyplot as plt


#建立合著关系网
def network():
    edgelist = [('作者 1', '作者 2'), ('作者 1', '作者 3'),
                ('作者 2', '作者 4'), ('作者 2', '作者 5'),
                ('作者 3', '作者 4'), ('作者 3', '作者 5'),
                ('作者 4', '作者 5')]
    for from_loc, to_loc in edgelist:
        G.add_edge(from_loc, to_loc)


def random():
    plt.rcParams['font.sans-serif'] = ['SimHei']    #用来正常显示中文标签
    plt.rcParams['axes.unicode_minus'] = False    #用来正常显示负号
    pos = nx.random_layout(G)
    ax1 = fig.add_subplot(1, 2, 1)
    plt.title('随机布局', fontsize=20, color='orange')    #设置标题
```

```python
    nx.draw_networkx(G, pos, with_labels=True, node_shape='s',
                        node_size=500, node_color='orange',
                        font_size=8, font_weight='bold',
                        edge_color='orange')    #设置运行样式,生成随机节点局
    plt.axis('on')
    plt.tick_params(left=False, bottom=False, labelleft=False, labelbottom=False)
    #显示坐标轴,不显示坐标刻度
    plt.text(1, 1, s="随机布局,方形节点",
                fontsize=12, color='orange',
                verticalalignment="center",
                horizontalalignment="right")    # 添加文本说明


def circular():
    plt.rcParams['font.sans-serif'] = ['SimHei']    # 用来正常显示中文标签
    plt.rcParams['axes.unicode_minus'] = False    # 用来正常显示负号
    pos = nx.circular_layout(G)
    ax2 = fig.add_subplot(1, 2, 2)
    plt.title('圆形布局', fontsize=20, color='green')    # 设置标题
    nx.draw_networkx(G, pos, with_labels=True, node_shape='o',
                        node_size=500, node_color='green',
                        font_size=8, font_weight='bold',
                        edge_color='green')    # 设置运行样式,生成同心圆节点布局
    plt.axis('on')
    plt.tick_params(left=False, bottom=False, labelleft=False, labelbottom=False)
    #显示坐标轴,不显示坐标刻度
    plt.text(1, 1, s="圆形布局,圆形节点",
                fontsize=12, color='green',
                verticalalignment="center",
                horizontalalignment="right")    # 添加文本说明


if __name__=="__main__":
    G = nx.Graph()
    fig = plt.figure(figsize=(14, 6))
```

```
network()
random()
circular()
plt.show()
```

结果如下：

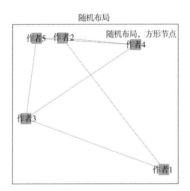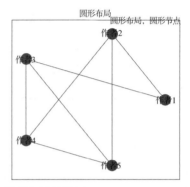

图 16.5 随机布局和圆形布局结果图

16.2.3.2 分类

在网络图中，为了将网络关系表达得更加清晰，可以通过不同的颜色来进行分类显示（例 16-8）。

例 16-8

```
import networkx as nx          #导入 networkx 包  version-2.6.3
import matplotlib.pyplot as plt     #导入绘图包 matplotlib


#构建合著关系网
def network():
    edgelist = [('作者 1', '作者 2'), ('作者 1', '作者 3'),
                ('作者 2', '作者 4'), ('作者 2', '作者 5'),
                ('作者 3', '作者 4'), ('作者 3', '作者 5'),
                ('作者 4', '作者 5')]
    all_nodes = ['作者 1', '作者 2', '作者 3','作者 4', '作者 5']
    for n in all_nodes:
        G.add_node(n)
```

```
    for from_loc, to_loc in edgelist:
        G.add_edge(from_loc, to_loc)


def draw():
    plt.rcParams['font.sans-serif'] = ['SimHei']   # 用来正常显示中文标签
    plt.rcParams['axes.unicode_minus'] = False    # 用来正常显示负号
    plt.figure(figsize=(8, 6))
    pos = nx.spring_layout(G)
    nx.draw_networkx(G, pos, edge_color='black', with_labels=True, font_weight='light',
    node_size=1500, font_size=8, width=1)
    plt.axis('on')
    plt.xticks([-1, -0.8, -0.6, -0.4, -0.2, 0, 0.2, 0.4, 0.6, 0.8, 1])   #设置X轴比例
    plt.yticks([-1, -0.8, -0.6, -0.4, -0.2, 0, 0.2, 0.4, 0.6, 0.8])   #设置Y轴比例
    plt.title('分类显示', fontsize=14, color='black')   #设置标题
    #将作者分为两个类别,并为其指定特定颜色。
    node_lists_community1 = ['作者1', '作者2', '作者3']
    node_lists_community2 = ['作者4', '作者5']
    nx.draw_networkx_nodes(G, pos, nodelist=node_lists_community1, node_size=1500,
    node_color='orange')
    nx.draw_networkx_nodes(G, pos, nodelist=node_lists_community2, node_size=1500,
    node_color='green')


if __name__=="__main__":
    G = nx.Graph()
    network()
    draw()
    plt.show()
```

结果如下：

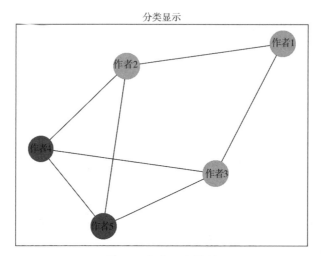

图 16.6 包含三个类别

由图 16.6 可知两种不同的颜色代表两个不同的类别，从而更加直观和方便地表达关系，后面我们还可以运用社区算法对图进行聚类分析，实现对复杂图形更加科学、合理的划分。

16.3 社交网络分析

社会网络分析（Social Network Analysis, SNA）是综合运用图论和数学模型来研究社会行动者之间的关系或通过这些关系流动的各种有形或无形的资源，如信息和资源等。近年来逐渐成为一种热门的社会科学研究方法。目前，社交网络分析主要集中在两方面的研究：一是通过获取一个社交群体中最有影响力的结点并分析其影响力的传播机制，二是将比较庞大的社交网络划分为多个社交子群，分析不同社交群体的差异。

16.3.1 中心性分析

完成一张网络图的绘制后，通常可以运用很多图论算法将节点进行量化，从而去分析节点之间存在的关系。最典型的就是中心性算法。中心性（Centrality）是用来衡量某个节点（或某个人）在网络中接近中心程度的概念，通常用数字表示。通过了解某一个节点的中心性来判断这个节点在整个网络中的重要性。中心性可确定出图中最重要的节点，比如在城市网络结构中找到关键设施节点，在社交网络媒体中寻找最具有影响力的人物，在新冠疫情中确定传播者、溯源问题等。衡量节点中心性的方法有：度中心性（Degree Centrality），接近中心性或紧密中心度（Closeness Centrality）和中介中心性或间距中心度(Betweeness Centrality)等。

16.3.1.1 度中心性

度中心性是在网络分析中刻画节点中心性的最直接度量指标。一个节点的节点度越大就意味着这个节点的度中心性越高,该节点在网络中就越重要。度中心性是测量所建立的网络中一个节点与所有其他节点直接联系的程度,在直观上表现为与此节点直接相连节点的个数。

$$C_D(i) = \sum_{j=1}^{n} x_{ij} \quad (i \neq j) \tag{1}$$

其中,$C_D(i)$表示节点i的度中心度;$\sum_{j=1}^{n} x_{ij}$用于计算节点i与其他$n-1$个节点的连接数。

将其进行标准化:

$$C_D'(i) = \frac{C_D(i)}{n-1} \tag{2}$$

使用节点i的度中心性值除以其他$n-1$个节点最大可能的连接数,得到与节点i有直接联系的网络节点的比例。这个比例越大,则表明其中心性越高。对于一个拥有n个节点的无向图,节点i的度中心性是i与其他$n-1$个节点的直接联系总数(如果是有向图,则需要考虑出度和入度的问题)。

以图16.7中节点"11"为例进行计算:

$$D_{11} = \frac{5}{(15-1)} = \frac{5}{14} = 0.357143$$

由图可知总共有15个节点,则n为15,与节点直接相连的节点有9、12、13、14、15,所以$C_D(i)$为5,由公式(2)可计算度中心性。

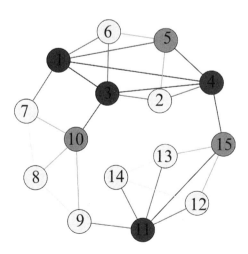

图16.7　度中心性(图中颜色越深表示其度中心性程度越高)

下面使用代码计算度中心性(例16-9)。

例16-9

```python
import networkx as nx          #导入networkx包 version-2.6.3


#构建关系网
def network():
    edgelist = [(1, 3), (1, 4), (1, 5), (1, 6), (1, 7), (2, 3),
                (2, 4), (2, 5), (3, 4), (3, 6), (3, 10), (4, 5),
                (4, 15), (5, 6), (7, 8), (7, 10), (8, 9), (8, 10),
                (9, 10), (9, 11), (11, 12), (11, 13), (11, 14),
                (11, 15), (12, 14), (12, 15), (13, 14), (13, 15)]
    for from_loc, to_loc in edgelist:
        G.add_edge(from_loc, to_loc)


def calculate():
    # 计算度中心度
    print("Degree centrality 度中心度:")
    Degree = nx.degree_centrality(G)
    print(Degree)


if __name__=="__main__":
    G = nx.Graph()
    network()
    calculate()
```

结果如下:

```
Degree centrality 度中心度:
 {1: 0.3571428571428571, 3: 0.3571428571428571, 4: 0.3571428571428571, 5:
0.2857142857142857, 6: 0.21428571428571427, 7: 0.21428571428571427, 2:
0.21428571428571427, 10: 0.2857142857142857, 15: 0.2857142857142857, 8:
0.21428571428571427, 9: 0.21428571428571427, 11: 0.3571428571428571, 12:
0.21428571428571427, 13: 0.21428571428571427, 14: 0.21428571428571427}
```

由以上运行结果可以看出节点1、3、4、11的度中心性为0.357143是最高的。

16.3.1.2　紧密中心性

紧密中心性是反映在网络中某一节点与其他节点之间的接近程度。类似最短路径分析,需要考虑到每个结点到其他结点的最短路径的平均长度。对于一个结点而言,它距离其他结点越近,那么它的中心度越高。一般而言,与其他节点关系比较密切的节点紧密中心度比较高。某个节点到达其他节点的难易程度,也就是到其他所有节点距离的平均值的倒数。一个节点的平均最短距离(d_i)越小,那么该节点的紧密中心性越大。

$$d_i = \frac{1}{n-1} \sum_{j \neq 1} d_{ij} \tag{3}$$

d_i越小,意味着节点i更接近网络中的其他节点,于是把d_i的倒数定义为节点i的紧密中心性,即$C_c(i)$。

$$C_c(i) = \frac{1}{\sum_{j=1}^{n} dis(i,j)} \tag{4}$$

其中,$C_c(i)$表示节点i的紧密中心度,$dis(i,j)$表示节点i到节点j的距离,如果节点到图中其他节点的最短距离都很小,那就可以认为该节点的紧密中心性较高。

将其标准化:

$$C_c'(i) = \frac{n-1}{\sum_{j=1}^{n} dis(i,j)} \tag{5}$$

公式(5)表示$n-1$个节点与其中一个节点到每个节点距离的比值。显然,这个定义比度中心性在几何上更符合中心性的概念,因为到其他节点的平均最短距离最小,意味着这个节点从几何角度看是位于图的中心位置。

以图16-8中节点"11"为例进行计算,因为创建的是无向图,默认节点权值为1:

$$C_{11} = \frac{15-1}{5+6+15+4} = \frac{14}{30} = 0.466667$$

由图可知总共15个节点,则n为15;$dis(i,j)$表示节点i到节点j的最短距离,另外14个节点与节点11的最短距离中,距离为1的有5个节点(节点9、12、13、14、15),距离为2的有3个节点(节点4、8、10),距离为3的有5个节点(节点1、2、3、5、7),距离为4有1个节点(节点6),再由公式计算可得紧密中心性。

在建立商超时,选址是一个关键问题。为了确保居民区密集地区的顾客到商超的路程较短,可以利用接近中心性这一概念来确定最佳建址位置。通过这种方法,可以找到一个距离各个地点都较近的理想位置,从而方便更多顾客。

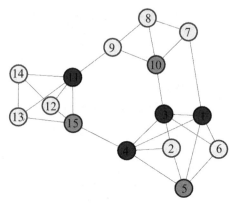

图16.8 紧密中心性计算图

下面使用代码进行紧密中心性的计算(例16-10)。

例16-10

```
import networkx as nx          #导入networkx包 version-2.6.3


#构建关系网
def network():
    edgelist = [(1, 3), (1, 4), (1, 5), (1, 6), (1, 7), (2, 3),
                (2, 4), (2, 5), (3, 4), (3, 6), (3, 10), (4, 5),
                (4, 15), (5, 6), (7, 8), (7, 10), (8, 9), (8, 10),
                (9, 10), (9, 11), (11, 12), (11, 13), (11, 14),
                (11, 15), (12, 14), (12, 15), (13, 14), (13, 15)]
    for from_loc, to_loc in edgelist:
        G.add_edge(from_loc, to_loc)


def calculate():
    #计算紧密中心度
    print("Closeness centrality 紧密中心度:")
    Closeness = nx.closeness_centrality(G)
    print(Closeness)
```

```
if __name__=="__main__":
    G = nx.Graph()
    network()
    calculate()
```

结果如下：

Closeness centrality 紧密中心度：

{1: 0.4827586206896552, 3: 0.5, 4: 0.5384615384615384, 5: 0.42424242424242425, 6: 0.3783783783783784, 7: 0.4117647058823529, 2: 0.42424242424242425, 10: 0.4827586206896552, 15: 0.5, 8: 0.42424242424242425, 9: 0.45161290322580644, 11: 0.4666666666666667, 12: 0.4, 13: 0.4, 14: 0.34146341463414637}

由以上运行结果可以看出节点4的紧密中心度为0.538462是最高的，说明其距离其他节点是最近的。

16.3.1.3 中介中心性

中介中心性用于衡量一个结点出现在其他任意两个结点之间的最短路径的次数。一个节点成为中介的次数越多，其中介中心性越高。中介中心性高的人在社交网络中类似社交达人，其他人物的很多朋友是通过他认识的，起到中介的作用。

$$B_i = \sum_{j,k=1}^{n} \frac{d_{ij}(x)}{d_{ij}}, \ (j \neq k) \tag{6}$$

其中，$d_{ij}(x)$表示从i到j的所有最短路径中经过节点i的数量，d_{ij}表示从i到j的所有最短路径数量。

将其标准化：

$$B_i = \frac{2}{(n-1)(n-2)} \sum_{j,k=1}^{n} \frac{d_{ij}(x)}{d_{ij}}, (j \neq k) \tag{7}$$

分母表示图中两点间路径的条数，即所有路径的数量。

以图16-9中节点"1"为例进行计算，因为创建的是无向图，默认节点权值为1，且两点间最短距离仅计算一次：

$$B_1 = \frac{2}{(10-1)(10-2)} (4+4+4+4+4+3+2+1) = \frac{26}{36} = 0.7222222$$

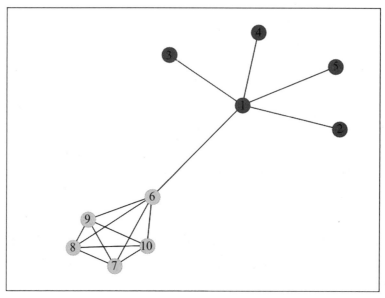

图 16.9 中介中心性计算示例

由上图可知总共 10 个节点，则 n 为 10；节点 10 只有到节点 5、4、3、2 分别有且仅有一条最短路径通过节点 1，与节点 10 一样的还有节点 9、8、7，都为 4；节点 6 到节点 5、4、3、2 分别有且仅有一条最短路径通过节点 1，为 4；节点 5 到节点 4、3、2 分别有且仅有一条最短路径通过节点 1，为 3；节点 4 到节点 3、2 分别有且仅有一条最短路径通过节点 1，为 2；节点 3 到节点 2 有且仅有一条最短路径通过节点 1，为 1，再由公式计算可得中介中心性。

下面通过代码计算中介中心度（例 16-11）。

例 16-11

```
import networkx as nx          #导入 networkx 包  version-2.6.3


#构建关系网
def network():
    edgelist = [(1, 2), (1, 3), (1, 4), (1, 5), (1, 6),
                (6, 7), (6, 8), (6, 9), (6, 10),
                (7, 8), (7, 9), (7, 10),
                (8, 9), (8, 10),
                (9, 10)]
    for from_loc, to_loc in edgelist:
        G.add_edge(from_loc, to_loc)
```

```
#计算中介中心度
def calculate():
    print("Betweenness centrality 中介中心度:")
    Betweenness = nx.betweenness_centrality(G)
    print(Betweenness)


if __name__=="__main__":
    G = nx.Graph()
    network()
    calculate()
```

结果如下:

```
Betweenness centrality 中介中心度:
{1: 0.7222222222222222, 2: 0.0, 3: 0.0, 4: 0.0, 5: 0.0, 6: 0.5555555555555556,
7: 0.0, 8: 0.0, 9: 0.0, 10: 0.0}
```

由以上运行结果可以看出节点1的中介中心度为0.833333是最高的,说明其作为中介点连接两个点的次数是最多的。

16.3.2 社区发现

复杂网络的拓扑结构表现出一种社团化特征,也就是说网络由若干社区结构组成,这些社区内部连接相对紧密,社区之间连接相对稀疏。网络社区结构是现实世界实体关系的一种映射,并广泛存在于各种网络中。

16.3.2.1 社区

社区在一定程度上反映了真实的社会关系,不同的社区往往代表了不同的用户群体,如亲友、同城交友、明星粉丝等群体,该群体内的用户往往具有相同兴趣或属性特征。在网络拓扑图中,社区是子图结构,其内部节点链接的密度高于社区之间链接的密度,意味着社区内部关系更为密切。研究网络中的社区对理解整个网络的结构和功能起到至关重要的作用,并且可帮助我们分析及预测整个网络各元素间的交互关系。

16.3.2.2 算法

算法用来发现网络中的社区结构,也可以看作是一种聚类算法。社区划分算法有很多,例如 K-Clique,Girvan-Newman,Louvain 及 modularity 算法,不同的算法划分社区的效果不尽相同。这里我们介绍 K-Clique 和 modularity 两个模块度算法。

16.3.2.2.1 K-Clique算法

NetworkX 库中提供了一些复杂网络社区结构发现算法,例如 K-Clique 渗透算法(图16.10)。Clique 的定义是任意两个节点之间均相连的图,也称为完全子图。K-Clique 表示一个含有 k 个节点的完全子图。在一个社交网络中,社区内部节点之间连接更为密切,边密度更高,容易形成派系,相当于图中的 Clique。

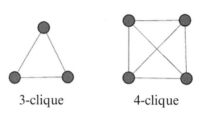

3-clique   4-clique

图 16.10 K-Clique(k=3 和 k=4)

如果一个 K-Clique 与另一个 K-Clique 有 k-1 个节点重叠,则这两个 K-Clique 是"相邻"的(也称为是连通的)。由所有彼此连通的 K-Clique 构成的最大集合就是一个 K-Clique 社区(社区是可以重叠的,即所谓的 overlapping community,就是说有些节点可以同时属于多个社区)。图 16.11 展示了社区的重叠结构。

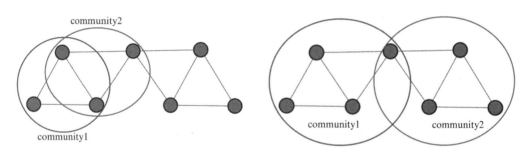

图 16.11 社区的重叠结构(overlapping community)

由于 k 是个输入参数值,从而 k 的取值将会影响社区发现的结果,当 k 取值越小社区将会越大,且社区结构更为稀疏。下面利用 K-Clique 发现 15 个点的社区并对其可视化操作(例 16-12)。

例 16-12

```
import networkx as nx  # 导入 networkx 包 version-2.6.3
import matplotlib.pyplot as plt  # 导入绘图包 matplotlib
from networkx.algorithms.community import k_clique_communities
```

```python
#构建关系网
def network():
    edgelist = [(1, 3), (1, 4), (1, 5), (1, 6), (1, 7), (2, 3),
                (2, 4), (2, 5), (3, 4), (3, 6), (3, 10), (4, 5),
                (4, 15), (5, 6), (7, 8), (7, 10), (8, 9), (8, 10),
                (9, 10), (9, 11), (11, 12), (11, 13), (11, 14),
                (11, 15), (12, 14), (12, 15), (13, 14), (13, 15)]
    for from_loc, to_loc in edgelist:
        G.add_edge(from_loc, to_loc)


#社区发现
def community():
    for k in range(2, 4):
        num = 0
        print("############# k值: %d ###############" % k)
        rst_com = list(k_clique_communities(G, k))
        print(rst_com)
        print("生成的社区数:%d" % len(rst_com))
        # 为节点添加社区划分
        for i in rst_com:
            # print(i)
            for j in i:
                G.add_node(j, community=num)
            num = num + 1


#入口函数
if __name__=="__main__":
    G = nx.Graph()
    network()
    community()
```

结果如下：

```
############# k值: 2 ###############
[frozenset({1, 2, 3, 4, 5, 6, 7, 8, 9, 10, 11, 12, 13, 14, 15})]
生成的社区数：1
############# k值: 3 ###############
[frozenset({1, 2, 3, 4, 5, 6}), frozenset({7, 8, 9, 10}), frozenset({11, 12, 13, 14, 15})]
生成的社区数：3
############# k值: 4 ###############
```

从运行结果可以看到，我们已经对15个点划分了社区，下面我们对K值为3时划分得到的社区进行可视化操作（例16-13）。

例16-13

```python
import networkx as nx            #导入networkx包 version-2.6.3
import matplotlib.pyplot as plt     #导入绘图包matplotlib


#构建关系网
def network():
    edgelist = [(1, 3), (1, 4), (1, 5), (1, 6), (1, 7), (2, 3),
                (2, 4), (2, 5), (3, 4), (3, 6), (3, 10), (4, 5),
                (4, 15), (5, 6), (7, 8), (7, 10), (8, 9), (8, 10),
                (9, 10), (9, 11), (11, 12), (11, 13), (11, 14),
                (11, 15), (12, 14), (12, 15), (13, 14), (13, 15)]
    all_nodes   =[1,2,3,4,5,6,7,8,9,10,11,12,13,14,15]
    for n in all_nodes:
        G.add_node(n)
    for from_loc, to_loc in edgelist:
        G.add_edge(from_loc, to_loc)


#可视化
def draw():
    plt.rcParams['font.sans-serif'] = ['SimHei']   # 用来正常显示中文标签
```

```python
plt.rcParams['axes.unicode_minus'] = False    # 用来正常显示负号
plt.figure(figsize=(8, 6))
pos = nx.spring_layout(G)
nx.draw_networkx(G, pos, edge_color='black', with_labels=True, font_weight='light',
node_size=1000, font_size=8, width=1)
plt.axis('on')
plt.xticks([-1, -0.8, -0.6, -0.4, -0.2, 0, 0.2, 0.4, 0.6, 0.8, 1])    #设置 X 轴比例
plt.yticks([-1, -0.8, -0.6, -0.4, -0.2, 0, 0.2, 0.4, 0.6, 0.8])    #设置 Y 轴比例
plt.title('分类显示', fontsize=14, color='black')    # 设置标题
#将节点分为3个类别,并为其指定特定颜色。
node_lists_community1 = [1, 2, 3, 4, 5, 6]
node_lists_community2 = [7, 8, 9, 10]
node_lists_community3 = [11, 12, 13, 14, 15]
nx.draw_networkx_nodes(G, pos, nodelist=node_lists_community1, node_size=1000,
node_color='orange')
nx.draw_networkx_nodes(G, pos, nodelist=node_lists_community2, node_size=1000,
node_color='green')
nx.draw_networkx_nodes(G, pos, nodelist=node_lists_community3, node_size=1000,
node_color='red')


#入口函数
if __name__=="__main__":
    G = nx.Graph()
    network()
    draw()
    plt.show()
```

结果如下:

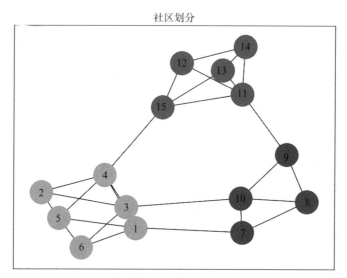

图16.12 社区发现

16.3.2.2.2 Modularity算法

在社区发现算法中,先确定社区的数目是比较困难的,需要一种度量的方法能在计算的过程中衡量每一个结果是不是相对最佳的结果,所以定义了模块度。模块度(Modularity)是社区发现网络划分质量的一个重要指标,也是确定聚类的停止条件。模块度的定义为,假设网络被划分为k个社区,e_{ij}表示第i个社区到第j社区的边的数量,$a_i = \sum_j e_{ij}$表示所有连接到社区i的边数量,用下面公式(8)中的Q表示模块度。

$$Q = \sum_i e_{ij} - a_i^2 \tag{8}$$

模块度用于衡量社区划分的优劣程度。一个相对较好的社区划分结果应表现为社区内部的节点相似度较高,而社区外部的节点相似度较低。因此,模块度成为复杂网络社区划分的评价标准。其目的是通过定义一个目标函数来衡量社区划分结果的优劣,并在搜索空间中找到使目标函数达到最优值的划分结果。模块度Q的取值范围为[0,1],值越接近1,社区划分效果越好。

👉**小提示**:在进行社区划分和计算模块度的时候,还可以用community这个库,在官方文档里介绍虽然这个库名字是community,但在查找和安装时是python-louvain,这个库中包含了进行社区划分和计算模块度的功能。

下面的代码展示了如何进行社区划分并计算模块度(例16-14)及由此产生的结果(图16.13)。

例16-14

```python
import networkx as nx           #导入networkx包
import matplotlib.pyplot as plt    #导入绘图包matplotlib
import community

#构建关系网
def network():
    edgelist = [(1, 3), (1, 4), (1, 5), (1, 6), (1, 7), (2, 3),
                (2, 4), (2, 5), (3, 4), (3, 6), (3, 10), (4, 5),
                (4, 15), (5, 6), (7, 8), (7, 10), (8, 9), (8, 10),
                (9, 10), (9, 11), (11, 12), (11, 13), (11, 14),
                (11, 15), (12, 14), (12, 15), (13, 14), (13, 15)]
    for from_loc, to_loc in edgelist:
        G.add_edge(from_loc, to_loc)

#计算模块度
def modularity():
    mod = community.modularity(partition, G)   #计算模块度
    print(mod)


def draw():
    pos = nx.spring_layout(G)       #分布样式
    plt.figure(figsize=(8, 6))
    nx.draw_networkx_nodes(G, pos, node_size = 600, cmap = plt.cm.RdYlBu,node_
color = list(partition.values()))
    nx.draw_networkx_edges(G, pos, alpha = 0.3)

if __name__=="__main__":
    G = nx.Graph()
    network()
    partition = community.best_partition(G)   #划分社区
    print(partition)
    modularity()
```

```
draw()
plt.show()
```

结果如下：

```
{1: 2, 3: 2, 4: 2, 5: 2, 6: 2, 7: 0, 2: 2, 10: 0, 15: 1, 8: 0, 9: 0, 11: 1, 12:
1, 13: 1, 14: 1}
0.5006377551020408
```

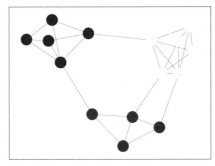

图 16.13　社区发现

16.4 应用案例：专家合著关系分析

专家合著网络是以领域专家作为网络中的实体节点，以合著关系作为实体之间的关系构成的三元组所形成的知识图谱。专家合著网络对于专家知识索引、高价值信息提取、专家知识网络的研究具有重要意义。如何利用互联网大数据进行领域专家合著网络构建，所涉及的关键技术包括合著网络建模、数据提取、社区发现等内容是一个研究热点。专家合著网络构建关键技术包括以下 3 个部分：首先根据文献元数据进行知识图谱构建，其次使用社区发现算法进行合著网络的聚类分析，最后运用空间可视化技术对知识图谱进行空间化表达与分析。

16.4.1 专家合著网络构建

16.4.1.1 专家合著网络模型简介

在案例中专家合著关系图模型定义为公式(9)，其中 V 表示专家节点集合(公式 10)，E 表示专家合著关系的边集合(公式 11)，W 表示专家合作期刊篇数的边权重。采用的是作者姓名+组织机构进行关系构建,可降低同名节点出现频率,且在聚类与社区发现效果会得到提升。

$$G = \{V, E, W\} \tag{9}$$

$$V = \{v_1, v_2, v_3, \cdots\} \tag{10}$$

$$E = \{e_{1i}, e_{2i}, e_{3i}, \cdots\} \tag{11}$$

每一个专家v_i中包含多种属性:$Number$为专家编号,$Name$为专家姓名,$Institution$为专家隶属机构,$Location$为机构坐标,每一个专家则可表示为一个节点,如公式(12)所示:

$$V_i = \{Number, Name(Institution_i), Location, \cdots\} \tag{12}$$

16.4.1.2　专家关系网络构建

专家合著网络数据收集了来自测绘、地理信息及相关领域,2019—2020年研究主以"地理信息建模""地图制图"等11万条元数据作为实验数据来构建专家知识图谱。通过以上的元数据我们可以提取到专家节点数据和专家合著关系的边集合数据。专家节点数据包括ID、Label、longitude、latitude等,包含了作者、隶属机构及坐标信息(图16.14)。

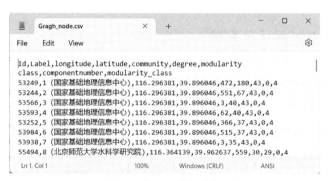

图16.14　专家节点集合数据

专家合著关系的边集合数据包括Source、Target、Type、Label、Weight等,它包含了专家网络中边的起点、终点及权重等(图16.15)。

图16.15　专家合著关系的边集合数据

使用以上数据中的部分数据进行关系网的构建得到一个专家关系网络(图16.16)。

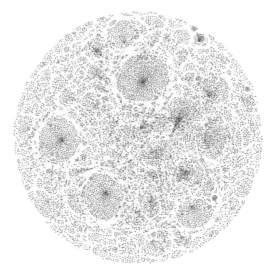

图16.16 专家合著关系可视化

16.4.2 专家关系网社区发现

在进行数据挖掘的过程中,我们可以对社区划分使用社区发现算法,以研究节点之间的紧密程度与聚集程度。这里我们使用的是K_Clique算法来划分社区,划分的依据为如果两个K-Clique之间存在k-1个共同的节点,那么就称这两个Clique是"相邻"的。

16.4.2.1 初始化

首先导入NetworkX模块,导入对应的社区发现模块,以便后续调用社区发现函数,再通过相对路径读入对应的.gexf文件进行分析。

```
import networkx as nx
from networkx.algorithms.community import k_clique_communities


network_file = r'D:/Data/finallymapmap.gexf'
G = nx.read_gexf(path=network_file)
G2 = nx.read_gexf(path=network_file)
```

16.4.2.2 社区发现算法

调用K_Clique社区发现算法,设置社区发现函数的图参数与K核参数,并将返回值设置为列表的形式,以便后续为节点添加社区属性。

```
# K_Clique社区算法
def find_community(graph, k):
    return list(k_clique_communities(graph, k))
```

16.4.2.3 不同K值的社区发现

使用循环的方式为图添加不同的K值,以便获取合适的社区划分数量。

```
# 使用不同K值进行社区发现
def community():
    for k in range(2, 6):
        num = 0
        print("############# k值: %d ###############" % k)
        rst_com = find_community(G, k)
        print("生成的社区数:%d" % len(rst_com))
        #为节点添加社区划分
        for i in rst_com:
        #print(i)
        for j in i:
            print(j)
            G.add_node(j, community=num)
        num = num + 1
    nx.write_gexf(G, f'D:/Data/TestNetworkx{k}.gexf')
```

16.4.2.4 Gephi可视化

在Gephi中进行数据可视化的过程通常涉及一系列步骤,包括数据导入、布局调整、节点和边的样式设置等:(1)将上一节社区发现中导出的gexf文件导入Gephi;(2)选择引力布局将节点展开;(3)使用Hu yifan布局将网络渲染至合适的展示效果;(4)依据k_clique算法划分的社区;(4)依据度修改节点大小修改节点颜色(图16.17)。

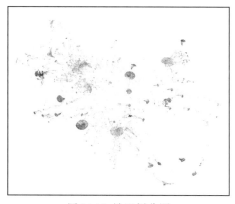

图16.17 社区划分图

16.4.3 专家合著网络空间可视化表达

构建空间化专家关系网,不仅可以识别出专家群体中的核心成员、合作模式和知识流动路径,还能反映这些联系在空间上的分布情况。通过可视化技术,将专家关系网络以直观的图形形式展示出来,有助于理解和分析专家之间的合作关系和揭示这些关系在地理空间上的分布特点。

16.4.3.1 地理编码

地理编码是一个将地址文本与包含位置属性的大量地址数据进行相似性匹配的过程。在这一过程中,系统会在这些地址数据中找到与输入地址相似度最高的记录,并返回匹配结果及其对应的经纬度信息。

16.4.3.1.1 地理编码的功能

地理编码在许多企业产品中有具体的应用。以百度或高德的坐标拾取系统为例,通过输入地址信息,可以获取与该地址匹配的经纬度信息。这个过程称为正向地理编码。同样,我们也可以输入坐标信息进行反向地理编码,从而得到对应的地址信息。这些功能在很多产品中都得到广泛应用。

百度地图拾取坐标系统(图16.18)拥有以下功能:支持地址的精确/模糊查询;支持POI点坐标显示、复制;坐标鼠标跟随显示位置信息;支持坐标查询。百度地图拾取坐标系统网址:https://api.map.baidu.com/lbsapi/getpoint/index.html。高德地图坐标拾取坐标系统网址:https://lbs.amap.com/tools/picker。

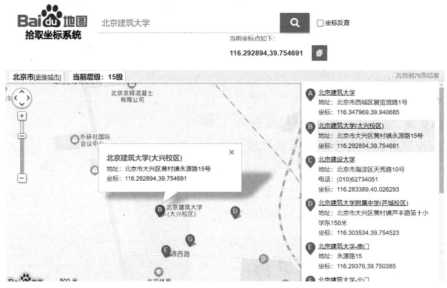

图16.18 百度地图拾取坐标系统

16.4.3.1.2 地理编码的实现

在专家网络关系网分析中节点的位置信息由节点中的专家隶属机构决定,可以批量将隶属机构输出,再通过调用地理编码服务的API,批量化获得各个隶属机构返回值信息,再根据返回值信息结构将机构经纬信息进行提取。通过以上获取到的专家信息,使用Python对专家隶属机构进行地理编码,即获取其经纬度,并判断其隶属机构的正确性。

（1）第三方库

要调用高德地图的API并处理返回的数据,可以使用Python中的requests库发送HTTP请求,使用json库解析JSON数据,使用openpyxl库读写Excel文件,并使用time库进行程序计时。

```python
#本节通过调用高德地图的api,把地名转化为经纬度
import requests
# 通过JSON进行数据组织
import json
import openpyxl
import time
```

（2）地理编码函数

地理编码服务实现了将地址或地名描述转换为地球表面上相应位置（经度和纬度）的功能。进行地理编码时,可以每次只输入一个位置描述,也可以表的形式一次提供多个描述。得到的位置将以带属性的地理要素形式输出,可以用于制图或空间分析操作。

```python
def Geocoding(address):
    # key值可以自己去高德地图官网上注册申请
    par = {'address': address, 'key': '94703e7a96abd6210bbb63d696acfca9'}
    # get请求参数
    url = 'http://restapi.amap.com/v3/geocode/geo'
    res = requests.get(url, par)
    # API返回的是JSON类型的数据
    json_data = json.loads(res.text)
    if json_data["status"] == "1":
        #解析成功
        geo = json_data['geocodes'][0]['location']  # 解析提取JSON数据
        longitude = geo.split(',')[0]
```

```
        latitude = geo.split(',')[1]
        #print("经度:" + longitude, "纬度:" + latitude)
        return longitude, latitude
    elif json_data["status"] == "0":
        return 0
```

（3）读写数据

进行地理编码时,以表的形式一次提供多个位置描述,通过下面的方法实现判断多个位置描述的正确性。

```
error = []
def w_xlsx():
    wb = openpyxl.load_workbook(r'D:/Data/data_input.xlsx')    #读取工作表
    s = wb["Sheet1"]
    local = s["C"]
    for j, i in enumerate(local):
        #跳过第一行
        if j == 0:
            continue
        print(i.value)
        result = Geocoding(i.value)    # 获得返回数据
        #若返回值不为空,代表获得对应的经纬信息,将经纬信息填入对应变量中
        if result!=0:
            longitude = result[0]
            latitude = result[1]
            n = j + 1
            longitude_c = "D" + str(n)
            print(longitude_c)
            s[longitude_c].value = longitude

            latitude_c = "E" + str(n)
            s[latitude_c].value = latitude
            #若返回值为空,将没有经纬信息的地点填入对应变量中
```

```
    elif result==0:
        error.append(i.value)
        continue
    time.sleep(0.01)
wb.save(r'D:/Data/location.xlsx')  # 保存文件
```

（4）保存错误信息

通过 save_error() 方法把获取到的错误信息保存到文本文件中。

```
# 保存错误数据
def save_error():
    with open(r'D:/Data/error.txt',"w") as f:
        for line in error:
            f.write(str(line)+"\n")
```

（5）主函数

本案例的入口函数如下：

```
if __name__ == "__main__":
    w_xlsx()
    save_error()
```

16.4.3.2 地图空间可视化

1.初始化

初始化通常需要导入必要的模块。为了方便后续对地图进行处理，通常还会设置一些全局变量来存储节点和边的信息。此外，需要预先对地图进行配置，如选择底图样式、设置地图的大小等。

```
import csv
from pyecharts.globals import ThemeType, SymbolType, GeoType, ChartType
from pyecharts import options as opts    #配置
from pyecharts.charts import Geo    #导入地理信息处理模块
```

```
#全局变量
input_nodeslist = list()
input_edgeslist = list()
#地图设置
g = Geo(init_opts=opts.InitOpts(theme=ThemeType.PURPLE_PASSION, width="
1000px", height="600px"))   #设置地图大小
g.add_schema(maptype="china")   #设置地图样式为中国地图
```

2. 添加节点与边数据

读取节点文件,存储为列表中嵌套字典的格式,对应的信息分别为节点 id、名字单位信息、节点经纬度信息;读取边文件,存储为列表中嵌套字典的格式,对应的信息分别为边 id、权重、起点 id、终点 id。

```
#csv 读取节点 csv 文件数据
def read_node_data():
    with open(r'D:/Data/Graph_node.csv', encoding='utf-8', errors='ignore')as f1:
        r1 = csv.DictReader(f1)
        for line1 in r1:
            input_nodeslist.append({"Id": line1["Id"], "Label": line1["Label"], "longi
tude ":ine1["longitude"], "latitude": line1["latitude"]})   # 获取地点经纬度信息


# csv 读取边 csv 文件数据
def read_edge_data():
    with open(r'D:/Data/Graph_edge.csv', encoding='utf-8', errors='ignore')as f1:
        r1 = csv.DictReader(f1)
        for line2 in r1:
            input_edgeslist.append(
                {"Source": line2["Source"], "Target": line2["Target"], "Id": line2["Id"],
"Weight": line2["Weight"]})   # 获取边的边权重、经纬度信息目标节点与源节点
```

3. 批量添加节点与边

通过已读取的数据,对列表进行循环,将节点的经纬度信息组合为坐标,并使用 add_coordinate 函数进行批量添加,最后设置节点的符号;通过已经读取进来的数据,对列

表进行循环,将边的起始点与终点进行组合为列表;通过 g.add 函数将添加类型设置为线段进行添加,并设置线段的符号。

```python
#批量添加节点
def add_nodes(inputlist):
    data = list()
    for i in inputlist:
        # 添加地址、经纬度数据
        Label = i["Id"]
        coordinate = (float(i["longitude"]), float(i["latitude"]))   #创建节点经纬信息
        g.add_coordinate(i["Id"], coordinate[0], coordinate[1])   #在地图上添加节点经纬
        data.append((i["Id"], i["Label"]))   #添加节点相关信息
        g.add("专家节点", data_pair=data, type_=GeoType.EFFECT_SCATTER, sym
bol_size=6, color='white')   #将数据添加到定义的地图上


#批量添加边
def add_egdes(inputlist2):
    linedata = list()
    for j in inputlist2:
        line = (j["Source"], j["Target"])   #创建边的起终点信息
        linedata.append(line)   #在地图上添加边
    print(linedata)
    g.add("", data_pair=linedata, type_=ChartType.LINES,
        effect_opts=opts.EffectOpts(symbol=SymbolType.ARROW, color='blue'),
        is_polyline=True, linestyle_opts=opts.LineStyleOpts(opacity=0.3, curve=1))
#设置边的相关参数
```

4. 主函数与其他地图设置

本案例的入口函数如下:首先调用了读取专家节点和专家合著关系边集合的函数 read_node_data()和 read_edge_data(),然后调用添加节点和边的函数写入数据,并完成地图的其他设置,例如图例的样式和颜色、标签的样式、图形的标题,最后保存结果。

```python
if __name__ == "__main__":
    read_node_data()
```

```
        read_edge_data()
        add_egdes(input_edgeslist)
        add_nodes(input_nodeslist)


#完成地图其他设置
g.legend_opts = opts.LegendOpts(textstyle_opts=opts.TextStyleOpts(color='blue'))
#设置字体样式
g.set_series_opts(label_opts=opts.LabelOpts(is_show=False))    # 设置样式
g.set_global_opts(title_opts=opts.TitleOpts(title="部分专家节点"))  # 设置标题
g.render(r'D:/data/test2.html')   # 保存地图
```

空间化后的专家知识地图表明了北京、长江三角洲、珠江三角洲地区是专家间建立专家关系与专家汇聚的地区。

16.5 总结

随着互联网的深入普及和社会交流载体的变化,社交网络数据正在成为一种成熟的大数据。同时,对社交网络大数据背后的用户行为、社会现象的理解成为研究的热点。专家关系网是空间型知识服务平台的重要研究内容之一。应用案例实现了对专家合著关系网的构建、网络分析和空间可视化表达,挖掘专家知识的隐含信息,开拓了研究知识关系网的新视角。